經營顧問叢書 ㉔⑨

大 客 戶 搖 錢 樹

蕭智軍 李宗南　編著

憲業企管顧問有限公司　　發行

《大客戶搖錢樹》

序 言

　　客戶時代裏，客戶淩駕廠商之上，客戶成了指點江山的上帝。客戶擁有選擇的權力，他們憑自己的意願和好惡，在鋪天蓋地的商品面前左挑右選；他們決定企業的銷售，決定企業的生產，甚至決定企業組織的設計，客戶幾乎決定一切！對於任何企業來說，能否提供優秀的客戶服務，才是企業倖存或覆滅的關鍵！

　　目前，針對客戶的銷售與管理，已受到越來越多的企業重視。**避免大客戶流失，對企業至關重要，也可以説是企業生存和發展的命脈。**

　　本書是針對企業如何掌握大客戶而撰寫的實務書籍，針對大客戶的行銷戰略，處於客戶管理最核心的位置，它爲形成有附加價值的活動提供了資訊和諒解，這種關係也帶來了相互信任，能爲長期業務打下基礎。如果你要維持穩定的客戶關係，

就要關注大客戶的行銷戰略與管理。

義大利經濟學家柏拉托提出的"重要的少數與瑣碎的多數"原理，即人們耳熟能詳的"二八"原理，**80%的利潤是由20%的大客戶創造的，那麼為了保持企業業績的穩步增長，保持、維繫及發展大客戶，就成了企業必須要完成並且首要完成的事情了，**大客戶的管理好壞，必然直接關係到企業經營的盛衰成敗。

其實，大客戶管理不是一種主動的銷售活動，也不是你為客戶所做的事情；大客戶行銷戰略需要企業整體的支援，大客戶管理不只是一種團隊活動，更是整個企業的活動。大客戶不會滿足於買賣雙方的接觸，也不會滿足於一位傳統的銷售人員的客戶關係。

如何確定你的大客戶？如何規劃你的大客戶行銷戰略？如何向大客戶推銷？如何投其所好？如何管理？如何讓他們永遠忠於你的企業？…………諸如此類的問題，是每一位企業家亟待思考的問題。

挖空心思，絞盡腦汁，抓住大客戶，也就抓住了成功的契機。

2010 年 10 月

《大客戶搖錢樹》

目　錄

第 一 章

大客戶的重要性

1

留住老客戶比挖掘新客戶更重要

對企業而言，成堆的客戶群裏，「留住老客戶」比「開發新客戶」更重要，而「設法留住關鍵的大客戶」，尤其重要。

獲得一個新客戶比留住一個現有的客戶貴 10 倍！

你會為一角錢放棄一元錢嗎？

想像一下，公司老闆會冒失去一個忠誠的客戶的風險，而這個客戶對公司來說要比獲得一個新客戶賺 10 倍的錢嗎？

當你把焦點放在「獲取新客戶」上時，往往會忽略了手上原有的那群客戶。如此一來，就造成了「旋轉門」效應，也就是當你費盡心思地將新客戶拉進來時，原來的客戶卻出走了！

但是，長期以來，在生產觀念和產品觀念的影響下，企業營銷人員關係的往往是產品或服務的銷售，他們把營銷的重點集中在爭奪新顧客上，其實，與顧客相比，老顧客會給企業帶來更多的利益。

精明的企業在努力創造新顧客的同時，會想方設法將顧客的滿意度轉化爲持久的忠誠度，像對待新顧客一樣重視老顧客的利益，把與顧客建立長期關係作爲目標。老顧客對企業發展的重要性表現在三個方面：

1.老顧客可以給企業帶來直接的經濟效益

首先，老顧客的長期重覆購買是企業穩定收入的來源，老顧客的增加對利潤的提升起著重要作用。

研究證明：重覆購買的顧客在所有顧客中所佔的比例提高5%，對於一家銀行，利潤會增加 85%；對於一位保險經紀人，利潤會增加 50%；對於一家汽車維修店，利潤會增加 30%。

其次，面向老顧客的營銷成本低，因爲老顧客對企業所提供的產品和服務都比較熟悉，降低了企業爲他們服務的成本。

調查表明，爭取一位新顧客所花的成本是留住一位老顧客的 10 倍，而失去一位老顧客的損失，只有爭取 10 位新顧客才能彌補回來。

第三，對產品具有忠誠度的老顧客對價格不像三心二意的顧客那麼敏感，他們在重覆購買中常常比新顧客更捨得花錢。

也就是說，忠誠度高的老顧客對該產品的價格敏感度會降低。

2.大量忠誠的老顧客是企業長期穩定發展的基石

相對於新顧客來說，忠誠的老顧客不會因爲競爭對手的誘

惑而輕易離開。與顧客之間的長期互利關係是企業的巨大資產，它增強了企業在市場競爭中抵禦風浪的能力。尤其是急劇變化的市場中，市場佔有率的質量比數量更重要。由此可見，老顧客給企業帶來了豐厚而穩定的利潤。能成功留住老顧客的企業知道，最寶貴的資產不是產品或服務，而是顧客。所以，盲目地爭奪新顧客不如更好地保持老顧客。

越來越多的企業認識到了老顧客對企業的價值，他們把建立和發展與顧客的長期關係作爲營銷工作的核心，不斷探索新的營銷方式。比如在競爭激烈的航空業、商業等領域，留住老顧客已經成爲企業戰略的主題。航空公司推出「優秀旅行者計劃」、商場推出「友情積分卡」，都是爲老顧客重覆購買而設立的獎勵制度。其實質是爲了增加顧客的購買頻率和購買量。同時，因爲顧客的需求處於不斷變化之中，這就要求企業必須主動地、持續不斷地傾聽老顧客對企業產品、服務及其它方面工作的意見、建議，並且將這些資訊真正融入企業各項工作的改進中，不斷調整營銷策略以適應顧客需求的變化。如美國寶潔公司開通「免費熱線電話」，專門搜集顧客對公司產品的意見。站在顧客的角度設計產品和改進服務，不斷地提高顧客對企業的認同度。企業在與一批老顧客保持長久、穩定關係的同時，也要看到，儘管付出了諸多努力，總會有一些顧客要流失。所以，所以還要使顧客的退出管理常規化、制度化，經常計算顧客的流失率，分析顧客流失的原因，爭取挽回失去的顧客，將顧客持有率和顧客更新資料作爲衡量銷售人員工作效果的標準之一。

3. 發掘新顧客為什麼比留住老顧客代價大

新顧客與老顧客，同樣都是顧客，為什麼發掘新顧客就比留住老顧客代價大那麼多呢？

一旦你真的知道最佳顧客是什麼樣子，就比較能清楚定義出未來所要尋找的顧客應該具有的模樣。

這跟過去傳統上尋找潛在顧客的方法有很大的不同，過去的方法是：如果你可以在足夠大的業務區域之內搜尋，你總能找到理想中的最佳顧客。就像你從足夠寬廣的範圍內尋找油田，你遲早會挖到的。

雖然這種方法還是被廣泛使用，但就像用探測杖尋找水源一樣過時了。要在黑暗中針對一大片範圍開始進行潛在客戶的搜尋，不但成本昂貴，而且在這個追逐利潤行銷以及一對一電子化通訊的世界中，也是非常過時而沒有希望的。但不管使用那一種行銷媒介或是通路，要獲得新客戶的代價總是高的。

為什麼尋找潛在顧客會如此昂貴呢？原因可能是，大部份尋找的潛在顧客都是由業務階梯的最下層開始，是目前全世界都使用的行銷模式，顧客忠誠度階梯最底層是由「陌生人」構成，往上則是潛在客戶，再由潛在客戶變成客戶，進一步客戶再變成擁護者。當你逐漸往上爬時，你的利潤也會跟著上升(如果你的本錢沒先耗光的話)。如果你沒有辦法僱用業務團隊，或使用大眾行銷，你很難在傳統的潛在客戶階梯上安穩存在。

但是，如果你將整座階梯丟掉呢？如果你用了另外一種策略，只需要你小心培育少數幾個關係呢？如果可以讓你的最佳顧客幫你帶進下一位顧客呢？

當你將目標放在追求你要的關係上，企業將會往另外一個

新方向前進。你不應該只是回應那些在商品展示會上填完資料的公司，或是接受在星期一頭一個打電話給你的客戶。

相反地，你應該尋找符合企業成長、獲利所需的那些客戶。因此，今天的最佳顧客將可以爲你帶來明天的最佳顧客。

2

贏得客戶的價值分析

一、贏得新客戶所需成本分析

有些大客戶管理的目標是通過增加新客戶實現增長，但即使這樣，留住現有客戶也是很重要的。否則只有不斷努力尋找新客戶來代替那些失去的客戶——即使在增長的環境中，這也是費用高昂的做法，而在一個成熟的市場中，這種做法無異於自殺。

我們應該認識到，贏得新客戶是需要成本的。

1.顯而易見的成本

最初試用和首批訂單的折扣以及強加的「啓動成本」。在有些市場中，供應商不得不「花買路錢」。當一個企業改變供應商的時候，它要承擔中斷運轉期間的成本，或者採用新規格和流程所帶來的成本。爲列印行業提供顏料和染料的供應商，或

者為汽車行業提供油漆的供應商，都會注意到客戶的這些成本——而且會預期承擔部份或全部。有時這樣的成本是「隱藏」的，不容易看出來，而且表現為長期價格擔保或者信用延期等形式，但這些都是實際存在的成本，需要加以考慮。

不僅如此，在贏得新客戶的時候，你還要考慮到人們的時間成本、額外旅行、展示、會議及娛樂的成本。一個廣告公司為了拉到一個新客戶，有時可能會花掉一年預期利潤。此外，如果你是一家生產商，為了向新客戶提供服務，還必須保持較高水準的存貨。另外如果把提供延期信用作為吸引新客戶的誘餌，債務也會增加。

2.隱性的成本

比如說投入其他事情中的時間會減少。如果把最得力的人用於贏得新客戶，為此轉移了注意力，失去了現有客戶，該怎麼辦？此外，為了應付新客戶，還要支付新制度和流程的費用，可能需要更多培訓、新運作流程、調整資料庫、宣傳材料……

二、留住現有客戶的價值分析

我們一定要看留住現有客戶的價值。

再次光臨的客戶可為公司帶來的 25%~85%的利潤，吸引他們再來的因素中，首先是服務質量的好壞，其次是產品本身，最後才是價格。一個滿意的客戶會引發 8 筆潛在的生意，其中至少有一筆成交；一個不滿意的客戶會影響 25 個人的意願。爭取一位新客戶所花的成本是保住一個老客戶的費用的 6 倍。

競爭導致爭取新客戶的難度和成本上升，這使越來越多的

企業把重點轉向保持現有的客戶。因此，建立與客戶的長期友好關係，並把這種關係視爲企業最寶貴的資產，成爲現代市場營銷的一個重要趨勢。

企業擁有客戶，才能談得上獲取利潤；反之，如果企業失去客戶(無論大客戶/普通客戶)，則將喪失利潤的來源，這是對企業最嚴重的打擊。一個企業只要比以往多維持 5%的客戶，則利潤可增加 100%。這是因爲不但節省了開發新客戶所需要的廣告和促銷費用，而且隨著客戶對企業產品的信任度和忠誠度的增強，可誘發客戶提高相關產品的購買率和引發與客戶相聯繫的新客戶的購買。因此，留住客戶，就能帶來更多利潤。

事實表明，很多行業中，儘管最大的客戶銷售較大，但在盈利性方面通常都不如中等規模客戶。要贏得這些大客戶不僅要付出高額費用，而且在規模經濟不明顯、利潤率較低的行業中，根據銷售量給予折扣的做法還會嚴重降低利潤率，這些折扣還可能導致與一些大客戶的業務出現虧損。

之所以要保留這些大客戶，是因爲正是他們的購買才使你的企業能夠正常運轉。如果一個企業能夠認識到這個原因，同時還能認識到可以帶來更多利潤的其他客戶這一價值，那麼情況就還不算糟。

大客戶不但會知道你給其競爭對手的報價，還會希望你在這個價值基礎上再讓一步，因爲他們的規模較大──這是一個令難以拒絕的提議，但通常都是不合乎邏輯的，而且建立在利己主義基礎之上。對於一個毛利潤爲 20%的供應商來說，5%的價值折扣就需要增加33%的銷售量，這樣才能使利潤維持在原來的水準上。如果利潤率不足 15%，爲了彌補 5%的價格折扣，

銷售量就需要增加 50%。

比如，如果一個企業利潤率爲 25%，價格折扣爲 7.5%，那麼需要增加 43%的銷售量才能維持利潤水準。

這僅指折扣的成本──爲贏得在客戶並向其提供服務的所有其他成本都要加在這上面。最大的客戶期望得到最多的關注、最好的服務、最好的人員，高層管理者可以給其提供最多時間、最大的讓步 以及最好的價格。

大客戶管理作爲一種從努力、資源以及承諾中獲得利潤的流程，要求對這些問題的答案都必須是肯定的。計算的結果通常會說明那些客戶才是可以給予大客戶身份的真正候選人。

心得欄

3

失去老客戶，代價更高

　　拿到訂單並不意味著任務完成，還記得那句話嗎？留住老客戶比開發新客戶更為重要。所以現在，你需要做的事情就是：提高顧客忠誠度，留住老顧客。

　　運用「80/20 法則」我們可以發現針對老顧客營銷的意義。長期以來，在生產觀念和產品觀念的影響下，企業營銷人員關心的往往是產品或服務的銷售，一些推銷員信奉的準則是：「進來，推銷；出去，走向下一位顧客」。他們把營銷的重點集中在爭奪新顧客上，對自己最重要的老顧客卻視而不見。其結果是尋找到的新顧客為丟掉的老顧客所抵消，且得不償失。其實，與顧客相比，老顧客會給企業帶來更多的利益。精明的企業在努力創造新顧客的同時，會想方設法將顧客滿意度轉化為持久的忠誠度，像對待新顧客一樣重視老顧客的利益，把與顧客建立長期關係作為目標。

1. 失去老客戶的損失巨大
⑴老客戶的直接消費不容低估
老顧客可以給企業帶來直接的經濟效益。

美國學者弗裏得的研究表明：如果重覆購買的顧客在所有

顧客中所佔的比例提高 5%，對於一家銀行，利潤會增加 85%；對於一位保險經紀人，利潤會增加 50%；對於汽車維修店，利潤會增加 30%。

老顧客都是公司的財富，使老顧客不滿而離去，會招致不可估計的損失。許多人估計不到失去老顧客所付出的真正代價。當一位不滿的老顧客決定不再和你交易時，由此造成的一系列影響，將會持續不斷。

威廉斯太太是「快樂傑克」超級市場的老主顧。她剛剛從該超級市場購物出來，正在大發雷霆：農產部的人拒絕替她把蘋果分成小包；乳品部的脫脂牛奶又已售完；接著收銀員一定要她出示兩項身份證明，才肯接受他的支票。他們把她當成什麼人了？

現在威廉斯太太已經決定到別處購物了。而「快樂傑克」的店員對此毫不在乎。「快樂傑克」是一所大型連鎖超市，威廉斯太太對他們並不特別重要，每週少掉她那幾十美元，他們也不會倒閉。

可是，「快樂傑克」的店員們，實在需要知道一些現實的經濟情況，成功的企業都會考慮長期效益，他們關注的是服務所帶來的連鎖效應，而不僅僅是獨立買賣所帶來的即時收益。

失去威廉斯太太這名顧客，並不僅僅意味著失去了 50 美元，其失去的遠遠超過這個數目。她每週購買 50 美元的東西，一年就是 2600 美元，10 年就是 26000 美元了。

⑵失去老客戶的連鎖效應值得警惕

這件事所帶來的連鎖反應更糟。研究表明，生氣的顧客會將一次不愉快的經歷告訴大約 11 個人，這 11 個人又各自會和

另外 5 人說起此事。

　　那麼，到底最後有多少人可能會聽到有關「快樂傑克」的壞消息呢？然後，再通過「計算損失方流程」算出具體有多少損失。請看下面的計算：

威廉斯太太：	1 人
告訴其他 11 人	+11 人
這 11 人又告訴 5 人	+55 人
總計	67 人

　　假設這個 67 人中有 25%的人(67%×25%≈17 人)決定不到「快樂傑克」超市購物，而這些人每週也要消費 50 美元，那麼，「快樂傑克」超市就要承受每年 44200 美元、10 年 442000 美元的損失了。

2.開發新客戶的成本遠遠大於維護老顧客的成本

　　客戶服務方面的研究指出，開發一個新客戶費用(主要是廣告費和產品推銷費)是留住一個現有客戶的費用(支付退款、提供樣品、更換商品等)的 6 倍。一個報告用數字來說明這個比例：如果留住一個老客戶需要花費 19 美元的話，那麼吸引一個新客戶走進你的商店則需要花費 118 美元。

　　「快樂傑克」超市失去威廉斯太太的真正代價很快就體現出來了：

留住威廉斯太太的花費	19 美元
吸引 17 個新顧客的代價	2006 美元

　　這就是真正的差距所在。這種差距也就是企業可能的損失。設想，假若你為某一個客戶的流失都得支付如此的代價，那情景你不得不憂慮。

3.老客戶是企業經濟效益的主要來源

一家企業的銷售收入和利潤是客戶提供的，但不同的客戶對效益的「貢獻」不同。忠誠客戶惠顧企業的時間長，購買金額大；忠誠的顧客是企業的義務宣傳員，他們會重覆購買某一產品或服務，而不為其他品牌所動搖，因而是企業經濟收入的主要提供者。正如美國經濟學者指出：「對一家企業最忠誠的顧客，也是給這家企業帶來最多利潤的顧客。」

大量忠誠的老顧客是企業長期穩定發展的基石。相對於新顧客來說，忠誠的老顧客不會因為競爭對手誘惑而輕易離開。能成功留住老顧客的企業都知道，最寶貴的資產不是產品或服務，而是顧客，競爭所導致的爭取新客戶的難度和成本的上升，使越來越多的企業轉向保持現有的客戶，建立與客戶的長期友好關係，並把這種關係轉向保持現有的客戶，建立與客戶長期友好關係，並把這種關係視為企業最寶貴的資產；維護其常規客戶的利益，以求企業的長期穩步前進，已經成為企業市場營銷的一個重要趨勢。

心得欄

4

關於 80/20 法則

　　1897 年，義大利經濟學家柏拉托(Vilfredo pareto，1848~
1923)通過實驗和資料調查分析歸納出這樣一個結論，如果 20%
的人口享有 80%的財富，那麼就可以預測，其中 10%的人擁有
約 65%的財富，而 50%的財富是由 5%的人所擁有。當時這個
法則只是告訴人們財富在人口的分配中是不平衡的。但是這個
法則很快被運用到了很多領域，比如商業、生產等方面。

　　從那以後，80/20 成了一種不平衡關係的簡稱，不管結果
是不是恰好 80/20(因為就統計學來說，不太可能出現精確的
80/20 關係)，很多資料的結果都套用這種關係，這說明一種配
比失衡的關係。

　　80/20 法則主張：以一個小的機會、投入和努力，通常可
以產生大的結果、產出或酬勞。我們可以這樣來總結這個法則
就是：你所完成的工作裏，80%的成果來自於你所付出的 20%
的努力。那麼如果是這樣也就是說，對所有實際的目標，我們
80%的努力，也就是絕大部份付出的努力，是與成果無關的。
這種情況顯然是大家無法接受的。

　　所以，80/20 法則對又指出，在起因和結果、努力和回報，

以及投入和產出之間，本來就是不平衡的。現實生活中實際調查和資料分析顯示的的確是：80%的產出來自於 20%的投入；80%的結果歸結於 20%的起因；80%的成績歸功於 20%的努力。應該說，80/20 法則的關係，爲這些種種不平衡現象提供了一個非常好的理論證明。

當這個理論被引用到商業世界和人們的日常生活中時，我們發現這個理論的意義更大了，在商業領域到處呈現出許多80/20 法則的現象。

· 20%的客戶，拿下了約 80%的銷售額。
· 20%的客戶貢獻，通常佔據了企業 80%的利潤。
· 20%的銷售人員貢獻了企業 80%的銷售額。
· 20%的人員耗費了企業 80%的費用。
· 20%的時間產出了企業 80%的效益。

總而言之，在起因和結果、投入和產出、工作和報酬存在的不平衡之間，可以分爲兩種不同的類型：

· 80%，它們造成 20%的影響。
· 20%，它們造成 80%的影響。

世界上大約 80%的資源，是由世界上 15%的人口所耗盡的；世界財富的 80%，爲 25%的人所擁有；在一個國家的醫療體系中，20%的人口與 20%的疾病，會消耗 80%的醫療資源⋯⋯所以一般情形下，產出或報酬是由少數的起因、投入和努力所產生的。

後來人們對於這項發現有不同的命名，例如柏拉托法則、柏拉托定律、80/20 定律、最省力法則、不平衡原則等。今天人們將 80/20 法則更多的用於了計量投入和產出之間可能存在

的關係的用途上，80/20 法則以一種量化的實證法出現在世人面前。80/20 法則無時無刻不在影響著我們的生活，然而至今人們對它還知之甚少。

　　運用 80/20 法則，還可以幫助我們挖掘出一些重點客戶的價值。

　　在營銷過程中，企業不僅要對顧客進行「量」的分析，而且還要進行「質」的分析。有些關鍵顧客，或許他們的購買量並不大，不能直接為企業創造大量的利潤，卻可以產生較大的影響，比如國內頗具實力的名牌大企業，或者是有國際排名的跨國企業，如果能成為他們的供應商，企業會在市場推廣、企業形象宣傳、公共關係等方面獲得一些有較大影響力的關鍵顧客。不過他們往往在購買過程中比較挑剔，購買流程也比較繁瑣，企業可能要付出更大的營銷努力才能得到少量的訂貨。因此，平時就要注意苦練內功，不斷提高競爭力。

　　一般而言，80/20 分析法的第一種用處是讓人注意造成該關係的關鍵原因。也就是認出那些是導致 80%(或其他數位)產出的 20%投入。假如 20%的喝啤酒的人喝掉 70%的啤酒，那麼這部份人應該是啤酒製造商注意的對象。盡可能爭取這 20%的人來買，最好能進一步增加他們的啤酒消費。啤酒製造商出於實際理由，可能會忽視其餘 80%喝啤酒的人，因為他們的消費量只佔 30%。

　　同樣地，當一家公司發現，自己 80%的利潤來自於 20%的顧客，就該努力讓那 20%的顧客樂意擴展與他們的合作。這樣做，不但比把注意力平均分散給所有的顧客更容易，也更值得。再者，如果公司發現的 80%的利潤來自於 20%的產品，那麼你

應該調整這些活動的時間。

　　幾乎沒有任何一種活動不受 80/20 法則的影響。大部份使用 80/20 法則的人，都像寓言故事裏的盲人摸象，只知道局部的力量與運用範圍。若想成為 80/20 的思想家，你需要創造性地積極參與。如果你想從 80/20 思考法中獲得好處，你必須首先注意運用它！

5

決定企業生死的「重要的少數」

一、大客戶：決定企業生死的「重要的少數」

　　在激烈的競爭中，一家成立不久的航空公司為了提高自己的客座率，不得不與其他航空公司在經濟艙上血拼價格，使得自己的處境十分艱難。為了扭轉彈盡糧絕的局面，這家航空公司大力改進商務艙和頭等艙的硬體設施，並推出多種個性化服務，同時改變低折扣價格，而來吸引高端客戶的做法。因為服務資源向高端客戶偏移，所以高價票為公司贏得了利潤，成功扭轉了頹勢。

　　「一家公司 80% 的收益是 20% 的客戶帶來的」，這就是著名的 80：20 定理，也稱「二八法則」。這也就是說，在航空公司

的所有客戶中，20%的高品質客戶給它帶來了 80%的收益。這 20%的高端客戶，對於企業來說是決定其生死的「重要的少數」。

「二八法則」發展至今，越來越多的企業把目光聚焦在這20%的數字上，企盼這重要的少數可以為自己帶來最大的利潤。然而，時代在發展，企業僅僅關注規模最大、市場佔有率最高的客戶卻並不總是能給自己帶來最大的利潤。對於一個企業來說，只有最能創造利潤的客戶才是自己「最有價值的」大客戶，而這部份客戶僅僅相當於全部 20%客戶中的 20%，即只有 4%的客戶才是一個企業的最大客戶。

企業的資源都是有限的，不可能對每一個客戶都進行平等的資源投入，只有把所有優勢資源集中在最重要的少數客戶身上，才可能發揮資源的最大效用，才能獲得最大的收益和利潤。

「二八法則」指出：20%的客戶帶來 80%的利潤。可如果僅僅認為大客戶只是貢獻了更多的利潤，則是片面的觀點。對企業而言，大客戶不僅是利潤的最大貢獻者，更是企業發展的戰略合作夥伴，是企業重要的資產，企業前進發展的重要助推力。

1.大客戶的現實價值

大客戶可以帶來企業全部利潤的 80%甚至更多，是企業的生存之本、發展之源。例如，電信的大客戶數僅佔全省用戶總數的 2.77%，但年使用費卻佔全省業務總收入的 47.4%。通過數字對比，對大客戶的貢獻價值就可見一斑。

2.大客戶的潛在價值

⑴大客戶是企業穩定的訂單來源

大客戶購買的重覆性高，擁有大客戶就相當於有了訂單的保障。一個建立了良好合作關係的大客戶會給企業帶來一種長

久的信賴關係，企業就可以從其身上獲得很高的利潤回報。

⑵**大客戶可以提高企業的市場佔有率，形成規模優勢**

大客戶通常組織複雜，覆蓋區域廣，業務種類豐富，通過和一個大客戶建立穩定的合作關係，不僅可以提高企業的銷量，更是提升企業市場佔有率的有效途徑。

⑶**大客戶可以幫助企業優化資源配置**

企業以大客戶為銷售導向，就會更加重視對自身資源的整合、配置，調動各個環節配合銷售，從而創造了較高的生產效益，促進了企業的不斷創新。

3.**大客戶的社會價值**

⑴**大客戶是企業的重要資產，是企業的發展命脈**

如今的競爭已經從單純的「市場佔有」轉變為「客戶佔有」，就企業而言，誰掌握了最重要的客戶資源，誰就獲得了最大的競爭優勢。充分佔有大客戶資源的企業，可以分享大客戶的社會關係網，進一步發揮自己的資源優勢。

⑵**大客戶可以為企業吸納更多的新客戶，是一種有效的宣傳途徑**

把握並穩固大客戶，就相當於抓住了行業的領軍人，就可能影響到某個行業市場的整體走勢，進而影響到行業中其他中小客戶的選擇傾向，企業就可能獲得更多的潛在客戶，獲取更大的利潤。

例如，聯想集團通過對大客戶市場的開拓發展，不僅獲得了可觀的商業利潤，而且因為與政府的合作，更加深化了在市場上良好的企業形象，擴大了自身的社會影響，掌握了重要的市場資源，從而也更有利於聯想集團在個人 PC 市場上的競爭。

二、什麼樣的大客戶才是「好」客戶

往往會出現這種危險的論調：「因爲他們規模很大，所以是我們的大客戶……」但是，事實上真正的大客戶往往不是那些規模最大，或市場佔有率最大的客戶。恰恰相反，這些所謂的「大客戶」不但不能給你足夠的利潤保證，反而還向你要求更多的優惠政策。顯而易見，這樣的客戶雖然很「大」，但卻不是一個理想對象。

倘若一個大客戶能同時滿足規模和利潤兩項要求，那麼你就有了一個大客戶；相對而言，他也獲得了一個重要的「夥伴」。

20 多年的時間裏，SAP 公司從一個名不見經傳的小作坊，逐步發展為今日全球最大的管理軟體公司之一。它的 ERP 軟體如今已經擁有 1.5 萬用戶，在全球 500 強企業中，已有 80%的企業使用 SAP 公司的產品，業界甚至稱「SAP 的 ERP 是進入世界 500 強的準會員證」。

大多數企業都對其十分陌生，在這種背景下，SAP 公司提出了所謂的「燈塔計劃」：尋找各行業中的標杆企業，向其推介 ERP 軟體，介紹 SAP 公司的產品及管理理念。SAP 公司選中的第一批「燈塔」目標都是跨國大公司，此後 SAP 公司開始關注本土的大型企業，一大批著名企業都成為「燈塔計劃」的首選客戶。

SAP 公司之所以在短短的 10 年間發展如此迅速，正是因爲他們採取了有效的「燈塔」政策，把自己的客戶群按照一定的標準劃分，分階段、分重點進行突破，通過一系列的行銷手段

使其成為自己的忠實客戶。可以說,正確的客戶分類是 SAP 公司成功的堅定基石。

因此,一個「好」的客戶,必須能同時滿足以下幾個條件:

(1)經營狀況佳,財務能力良好,信用度高。

(2)有較高的商業素養,值得信賴。

(3)對雙方合作的態度積極,努力促成合作。

(4)必須擁有足夠生產經營的硬體設備。

事實證明,銷售企業在選擇客戶的同時,客戶也在挑選著銷售企業,雙向選擇必然是未來發展的趨勢。對於銷售企業而言,選擇了一個正確的大客戶就相當於得到一個成功的契機,必須牢牢把握,絕對不能錯過。

選擇「好」客戶的三大標準

1. 銷售企業的供應能力應與客戶的需求相平衡

供需平衡,是銷售企業首先應該關注的問題。在尋找大客戶時,就應該把注意力放在那些採購需求與自身的供應能力相匹配的客戶身上,如果銷售企業自身的能力不足以供應客戶的需求,那麼還談什麼銷售呢?簡單地說,就是要求銷售企業細分客戶在購買交易中所涉及的各種因素,如發貨、運輸、服務等細節要求,然後根據所掌握的信息,把客戶進行排序,按照企業承受能力的高低,儘量先去滿足那些可以確定給企業帶來效益的客戶。

2. 客戶與銷售企業應該有發展和增長的潛力

客戶的增長潛力決定著採購總量的漲幅,同時也決定了企業銷售增長的穩定性。所以,在選擇大客戶時就要考察到對方增長的潛力,一個正處在上升期的客戶,訂單量通常是有保障

並且穩步增加的。

　　如果一個客戶處於生存危機或者前景黯淡時，他的採購總量就很不穩定，諸如訂貨量突降或拖欠貨款都時有發生。若是與這樣的客戶合作，就極易引起銷售企業自身業務的不穩定，帶來企業效益的波動。如果在訂貨量一致，甚至略低的情況下，最好選擇增長潛力更大的客戶。因為，隨著該客戶的不斷發展壯大，訂貨量必然也會不斷攀升。就像一個銷售顯示器的企業，在面對一家電腦生產公司和一家電視機廠時，前者則是最好的選擇。

3.選擇對數字敏感度更低的大客戶

　　按照消費的規律而言，所有客戶在購買時都總是為了獲得最有利於自己一方的條件，而做出一些不利於對方的行為，討價還價就是典型的「損人利己」的行為。每個客戶都有一定的壓價能力，但並不是所有的客戶都會無休止地壓價，某些客戶寧可以更高的價格換取最優質的服務，他們更關心的是數字以外的其他內涵。

⑴關心服務品質重於價格的客戶

　　如果採購的產品在使用過程中會因為品質問題直接影響到使用的話，客戶一般就會更看重品質而不再過於計較價格。

⑵有長期合作關係的客戶

　　在長期合作的背景下，客戶一般對於報價的具體數字不會過於敏感，這時的價格一般以維持慣常標準為主，很少隨意變更。尤其是一些行業，客戶更換合作夥伴會付出更高成本時，就必然會更加注重長期合作夥伴的利益。

⑶行業的「菜鳥」

新入行的客戶往往對價格比較陌生，雖然「菜鳥」通常更關注數字的微妙變化，但是他們尚未試出行業中「水的深淺」，沒有找到更好的採購管道，此時難免表現出對價格數字的幼稚和不成熟。

⑷供應不足區域的客戶

由於地域性的原因，這類客戶很難冒風險跨地域進行採購，因此造成了採購上的局限；有時考慮到遠距離運輸等成本，他們也會選擇一些近距離高價的銷售企業，畢竟便宜的價格加上高額的運費基本上也就相差無幾了。

⑸單次購買量較小的客戶

銷售企業盡可以將大批量購買的優惠待遇告知這類客戶，以此來刺激對方；同時，他們獲悉了價格與數量的比例關係後，就會衡量自身的購買力，從而降低對數字的敏感度。

銷售企業不僅可以依照上述標準去選擇客戶，更可以自己去創造一個好客戶。銷售企業可以通過種種措施去影響並且引導客戶做出對自己有利的改變，銷售企業也應通過不斷提高自身素質來發展和改變客戶。「愛我所選，選我所愛」，這或許是每一個銷售企業的心聲吧！

6

市場的 80/20 法則的研究

「你的客戶是誰？」這個問題可能難不倒許多業務、行銷主管，可是下一個問題，可能就沒有那麼好回答了：「你的 VIP 客戶是那些人，主要客戶又是那些人？」

在許多公司的年終報表中，我們常常可以看到這樣的市場佔有率圖。

圖 1-1　市場佔有率圖

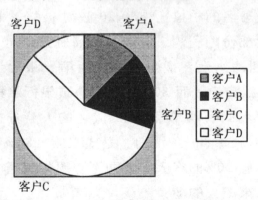

那個是大客戶？

——顯而易見，是 C，這也正是許多公司的答案。

但是，深入研究每個客戶的利潤貢獻(見下柱狀圖)，我們又會得出不同的結論：顯然，雖然客戶 B 佔的市場佔有率較小，但客戶 B 的利潤貢獻遠遠大於客戶 C。而客戶 C 耗費了大量的人力物力，產出卻只有客戶 B 的一半。

圖 1-2　某公司客戶利潤貢獻

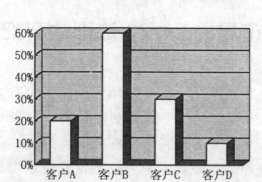

市場永遠是不均衡的。公司 80%的利潤來自於 20%的客戶。這就是著名的柏拉托「80/20 法則」。一小部份顧客為公司創造了絕大部份的利潤。例如，英國航空公司 35%的顧客創造了 65%的利潤；俄亥俄州哥倫比亞第一銀行全部的利潤是由 10%的顧客創造的，而 80%的顧客卻讓銀行賠錢。

一位著名的管理學家說：「成功的人若分析自己成功的原因，就會知道，『80/20 法則』是成立的。80%的成長、獲利和滿意，來自於 20%的客人。公司至少應知道這 20%是誰，才會清楚看見未來成人的前景。」

當一家公司發現，自己 80%的利潤來自於 20%的顧客，就該努力讓那 20%的顧客樂意擴展與他們的業務。這樣做，不但比把注意力平均分散於所有的顧客更容易，也更值得。

　　以顧問公司為例，我們要剖析在企業中你認為最重要的部份。我們繼續分析顧客部份，統計每個顧客或顧客群的總購買量。有些顧客付出的價錢很高，但服務他的費用也高：這些通常都是比較小的顧客。非常大的顧客可能很容易應付，而他們購買同類的產品量很大，不過他們會殺價。有時候這些差異可以互相抵消，但是通常不會。

　　表 1-1 說明了一定策略顧問公司的營業情形。

表 1-1　顧問公司新舊客戶利潤表

業務分類	營業額($)	利潤($)	收益百分比(%)
老客戶	43500	24055	55.3
中間客戶	101000	12726	12.6
新客戶	25500	− 7956	− 31.2
總計	170000	28825	17.0

　　以上柱狀圖和表 1-1 告訴我們，26%的老客戶，帶來了 84%的利潤。由此得到一個認識：我們要努力保留住老客戶，並想辦法擴大這個顧客群。老客戶對價格最不敏感，服務他們也不花錢。若不能把新客戶變為老客戶，這是損失，讓他們對其他公司有更多的敵對行動機會。

　　對大部份顧問公司而言，爭取新客戶是重點活動。但經過分析以後，大多數人都意識到 80%的業務來自於 20%的顧客(如圖 1-3 所示)，因此改變了策略，盡可能與現有的高級主管培養關係。

　　少數顧客為企業創造了大量的利潤，每位顧客對企業的貢獻不同。這就決定了企業不應將營銷努力平均分攤在每一位顧

客身上，而應該充分關注數量雖少、但作用重大的顧客，將有
限的營銷資源充分應用在他們身上，以取得事半功倍的效果。

圖 1-3

20%的客戶佔公司利潤的 80%

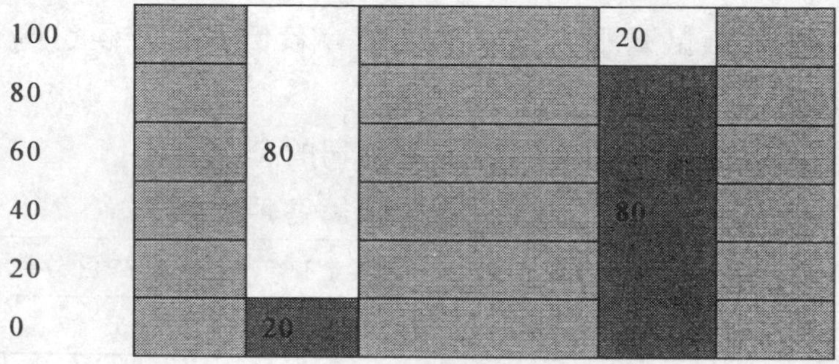

不是規模最大，也非市場佔有率最大，而是最能創造利潤
的客戶才是應該關注的所在。

心得欄

7

通用汽車公司的信用卡計劃

　　疲軟的需求和來自國外的汽車製造商的競爭衝擊，使得 20
世紀 90 年代早期成為三大汽車公司——通用汽車公司、福特公
司和克萊斯勒公司最困難的時期，1992 年，通用汽車公司超過
了美國公司歷史的虧損紀錄，虧損額達到約 45 億美元。

　　通用汽車公司解決問題的部份方案是製造出更好的並且
更有效率的汽車。通用汽車公司希望土星公司，一家組建於 80
年代中期的製造小型汽車的獨立公司，能夠對整個通用汽車公
司的提高起到催化作用。另一個很有希望的跡象發生在 1992
年下半年，約翰·斯梅爾——通用汽車的總裁和寶潔公司的前
任主席入主董事會。這給通用汽車的管理層帶來了很大的震動。

　　但是，有關汽車的銷售問題依然存在。由於疲軟的需求和
日趨激烈的競爭，三大汽車公司都嚴重地依賴現金回扣、交易
商折扣、年終打折以及其他刺激消費的計劃。

　　在 1992 年 9 月，通用汽車公司和 Household 銀行，一個重
要的信用卡聯合發行商，共同推出了萬事達卡的通用汽車信用
卡。持卡者可以在消費時獲得相當於消費額 5%的優惠券，這
個優惠券可被用來購買或租賃通用汽車公司新的汽車或卡車。

根據這個計劃的規則,這個優惠券用於客戶的銷售商達成購買汽車交易之後。這些優惠券非常可觀:一年可以給 500 美元的優惠券。

通用汽車公司通過一場市場閃擊戰推出了通用汽車信用卡,包括被其稱爲「目標噸級」的 3000 萬件直接郵寄的宣傳品,700 萬資助電話營銷宣傳,以及大量的電視和印刷品廣告。通用汽車公司在這次活動中花了 1.2 億美元。雖然與整個營銷成本相比這個數額並不大,但對於發行信用卡來說卻已經是空前的了。

通用汽車信用卡推出是信用卡業務領域最爲成功的。在短短的 28 天裏,就有了 100 萬個帳戶,而以前紀錄的保持者是AT&T 公司的宇宙卡,它花了 78 天的時間才達到這個數字。不到兩個月,通用汽車信用卡就有了 200 萬個帳戶,並且信用卡餘額到 5 億美元,一年後,通用汽車信用卡計劃有了 500 萬個帳戶和 33 億美元的巨大餘額。2 年後有 900 萬個帳戶,並且還在不斷增長。

在該計劃的頭一年裏,通用汽車公司兌現了 55000 個信用卡上的折扣。到 1994 年 2 月總共兌現了 123000 張信用卡上價值 4000 萬美元的折扣(平均每輛車 325 美元)。估計隨著計劃的成熟,在北美銷售緩慢的通用汽車將有大約 25%被持卡人購買。

通用汽車信用卡很顯然是一椿大生意,但它是如何改變銷售汽車的遊戲、避免了價格戰的呢?讓我們通過一組經過簡化的數字來看看這種折扣是如何改變定價機制的。假設在開始時,通用汽車公司和福特公司的汽車價格都是 20000 美元。既然價格相同,市場佔有率就會按照人們對通用汽車公司和福特

汽車公司的喜好程度來分配。

　　現在假設通用汽車公司直接給了其基礎客戶 2000 美元的折扣，同時把市場價格提高到 21000 美元，這時通用汽車公司很顯然使用了兩個價格：19000 美元對自己的客戶，21000 美元對福特公司的客戶。站在福特公司的角度上，它的反應可能是把價格降到 19000 美元以下，以吸引通用汽車公司的客戶。或者把價格提高到接近 21000 美元，同時不用冒失去自己客戶的風險，福特公司很可能會覺得第二種方法比較有吸引力。如果福特公司這麼做了，它就會給通用汽車公司一個機會。現在通用汽車又能夠反映價格提高到接近 23000 美元，對能夠拿到折扣的客戶價格是 21000 美元，還是不會失去任何客戶。這時，通用汽車公司和福特公司汽車的價格都越過了以前。然後福特公司可能還會折價，於是通用汽車公司又可以繼續提價了。

　　折扣計劃在通用汽車公司和福特公司之間創造了一個雙贏的價格機制，這個過程能發展到什麼程度呢？實際上也只能到此為止。因為其他汽車生產商可能不會提價，這樣消費才會轉而投向它們。在任何情況下，通用汽車公司的主要利益在於，福特公司或其他任何汽車生產商都不願意展開價格戰。

　　折扣計劃有效性的關鍵在於折扣要有目標。只有當得到通用汽車公司折扣的人主要是通用汽車的潛在購買者，而不是福特汽車的潛在購買者時，它才會起作用。這樣實施這個計劃的最大挑戰就是，要求得到折扣的人應該盡可能地是你的潛在客戶，而不是競爭對手的潛在客戶。

　　通用汽車信用卡非常圓滿地解決了這個問題。由於認識到找到所有的潛在客戶非常困難，通用汽車公司就把問題反過來

思考。既然找到他們很難，就讓他們來找你。那些希望通過通用汽車信用卡得到折扣的人就是想買通用汽車的人，而打算購買福特汽車的人大概不會像忠誠於通用汽車的人那樣去使用通用汽車信用卡。信用卡計劃就是這樣幫你解決了把享受折扣的目標定在自己的基礎客戶之上的問題。

就像價格戰很容易被模仿一樣，通用汽車信用卡這種促銷方式也就必然會被模仿，事實也是如此。

在 1993 年 2 月，即通用汽車信用卡發行後的第 5 個月工資，福特公司與最大的銀行信用卡發行者花旗銀行，共發行了萬事達卡和 Visa 卡的福特——花旗銀行信用卡。這個計劃允許信用卡持有者每年能享受累計到 700 美元的折扣，最高為 5 年 3500 美元。

福特——花旗銀行信用卡通過向 3000 萬名持有花旗銀行信用卡的人以及福特汽車的擁有者，直接郵寄宣傳品推出。促銷的材料和申請表被放在福特汽車的 5000 個銷售點上。1993 年的前 9 個月裏，福特——花旗銀行信用卡在廣告上共投入了 460 萬美元。1994 年 4 月，據行業分析專家估計，福特——花旗銀行信用卡的持有者在 130 萬到 500 萬之間，在計劃實行的頭一年裏，有 2 萬福特公司的客戶享受到了福特——花旗銀行信用卡的折扣。

1994 年 6 月，通用汽車信用卡又一被模仿了。美國大眾公司與信用卡領域的領導者 MBNA 公司合用，啟動了一個信用卡折扣計劃。(值得注意的是克萊斯勒公司的缺席，直到 1996 年年初，該公司也沒有推出信用卡計劃。)

所有這些模仿會損害通用汽車公司的計劃嗎？不一定。如

果通用汽車公司希望通過這個計劃爭奪福特公司或其他公司的市場佔有率，那麼被模仿確實是一個壞消息。由於福特公司的計劃提供了一個很好的交易，和以前相比，福特汽車的潛在購買者更沒有理由去使用通用汽車信用卡了。

模仿幫助了通用汽車公司。信用卡計劃越多，汽車製造商就越不會有興趣去降低價格，因為低價格對於客戶已不再具有誘惑力了。已經在某家公司開始累加自己優惠額度的人，一般來說是不會輕易轉向別的公司的。即使現在汽車製造商提高價格，他不會失去以前那麼多的客戶，因為其信用卡持有者不願意失去已獲得的折扣，現在汽車製造商有了更加忠誠的客戶群。總的來講，降低不再很有效，而提價也不會有太大的風險。不但推出了折扣計劃的汽車製造商如此，即使沒有折扣計劃的汽車製造商也會發出降價沒有太大的效果。因此也就不會有太大的積極性在價格上競爭，結果在這一產業裏價格趨於穩定。這是健康模仿的又一個案例。

模仿還有另一個積極的作用，即避免使客戶成為騎牆派。由於更多的汽車製造商推出了折扣計劃，對於消費者來說選擇也就更加重要。那些原來不願表現出品牌忠誠度的人會發現，如果自己不接受一個折扣計劃，就會被置於不利的位置。甚至那些對價格很敏感的購買者也會受到足夠的鼓勵來使自己參與這些計劃。而參與這些計劃的客戶越多，對這個產業價格機制的影響就越大。

這樣下去會有更多的模仿。由於這項計劃在美國的成功，通用汽車公司和福特公司又將其在加拿大和英國推出，豐田公司也在日本引入了信用卡折扣計劃。

除了改變汽車產業的價格機制外，通用汽車信用卡計劃還帶來了許多其他的好處。每個月，通用汽車公司都可以在 Household 銀行信用卡郵寄帳單的信封裏附帶上自己的市場宣傳資料，這要比免費郵寄好得多。與那些垃圾郵件不同，這封信不能被輕易扔掉，裏面還有一張要支付的帳單。當人們打開信封時，通用汽車公司的宣傳材料就「啪」的一聲掉了出來。

通用汽車公司也讓 Household 銀行來分擔折扣的成本，這是信用卡業務領域中的慣例。發行商支付獎金使其信用卡更具吸引力。例如，芝加哥第一銀行向聯合航空公司支付每英里 1 美分，用於向其信用卡持有者提供頻繁飛行者計劃的飛行里程。同樣的道理，不管折扣兌現與否，Household 銀行都要向通用汽車公司支付大約 20%的購車折扣。

對通用汽車公司有利，對 Household 銀行也同要有利，這是交叉銷售帶來的巨大利益。通用汽車公司市場繁榮的結果，使 Household 銀行又增加了 800 萬個新帳戶，從而使 Household 銀行在信用卡發行商中的排名從第十位上升到第五位。能夠獲得通用汽車公司折扣的機會，使通用汽車信用卡的年平均消費額上升到 5200 美元，是全國平均水準的 2.5 倍，這是第一張人們自己花錢購買的信用卡。與 66%的行業平均水準相比，通用汽車信用卡應收帳款的回籠率超過 70%。其波動率和延期支付率則低於這個行業的平均水準。波動降低的原因是累加優惠額度需要花費一定的時間，這使得人們不大願意轉到另一個信用卡。甚至延期支付率也很低，因為一旦信用卡帳戶過期，就不能再繼續享受折扣。

這對信用卡業務的定價機制上也產生了一定的影響。現

在，既然 Household 銀行、花旗銀行和 MBNA 公司都有了各自
忠誠的客戶群，它們對於價格競爭就不會有太大的熱情。結果
和汽車產業一樣，信用卡業務領域中的價格也變得更加穩定。

　　如果汽車製造商和信用卡發行者都是贏家的話，是不是意
味著汽車購買者就成了輸家呢？不一定，儘管他們面對一個高
價格，但這並不是事情的全部。讓我們回到 90 年代早期看看汽
車製造商所面臨的問題。一旦製造商設計出了一種新車，花錢
重新調配組裝線，還要爲全國性的廣告投資，這使他承擔了巨
大的成本。如果其他生產商以相似的汽車，相仿的成本進入市
場就會使生產能力過剩，從而出現一個大問題。價格會降到可
變成本上，而製造商也就不可能收回其投資。競爭加大了成本，
這個問題影響製造商，同時也會影響消費者。如果製造商今天
不能獲利，他就不會再投資，而消費者在將來就不會買到更好、
更便宜的汽車。所以，也許經過較長一段時間的運行，較高的
價格會導致製造商和消費者之間出現了雙贏局面。

　　通用汽車信用卡計劃給我們的第一個啓示是：不能僅僅站
在廠家的立場去想客戶要什麼，而是要站在客戶的立場：買了
通用汽車，我還會要什麼？忽視一對一交叉營銷的巨大潛力，
你就有可能落個 Viss USA 首席執行官羅伯特・黑勒的下場。當
通用剛發行信用卡時，黑勒對此並不感興趣。在 1992 年美國銀
行家協會銀行信用卡大會上，他開玩笑地說，通用汽車公司發
行信用卡持續的時間不會比比薩餅店與 AT&T 公司合作的時間
更長。不到一年，黑勒下臺，而人們卻在談論發行麥當勞信用
卡的可能性。

　　第二個啓示是：客戶天生是不不等的，要對你的忠誠客戶

給以獎賞，而不是對新客戶用降價來吸引。實際上，當通用汽車公司壓縮其他刺激消費措施，來補償信用卡計劃折扣的成本時，一輛通用汽車的有效價格，扣除了通用汽車信用卡所享受的折扣後的淨價格，對福特汽車的忠誠客戶來說要高於通用汽車的潛在客戶。通用汽車公司最終的定價就是向對手的客戶收取比自己的客戶更高的價格。

人們通常認為最好的戰略是對自己的客戶定高價，而向對手的客戶提供低價。畢竟你自己的客戶願意付高價，而對手的客戶需要用低價來吸引。通用汽車信用卡計劃表明這樣的考慮大錯特錯！通用汽車公司對福特公司的潛在購買者提價，通用汽車公司就給了福特公司提價的空間，也就給了通用汽車公司鞏固價格的機會，這就又給了福特公司一些提價的空間，由此循環發展，這就是我們以前談論過的雙贏機制。與此相反的是，你向對手的客戶提供一個低價把他們拉走，從而迫使你的對手以低價回應，反過來你自己也被置於客戶被對手奪走的危險之中，然後你又不得不對你自己的客戶降價。最後的結果比剛開始時還要糟糕。

第三個啓示是：對忠誠客戶，一定要不時地給予獎賞與加強服務，增加客戶的轉換成本。而且這種獎賞最好是用實物而不是現金，用實物可以進一步擴大客戶的購買；而用現金獎勵忠誠客戶，不會增加你的附加值，航空公司推出的「累計里程」會員卡是最好的注解。

第 二 章

客戶佔有率

1

從市場佔有到客戶佔有

一、天生不平等

　　關於大客戶劃分的標準，沒有什麼固定的定律，其實，在基於傳統的交易營銷建立的「大客戶關係」裏面，企業發現自己的利潤主要來自中等規模的大客戶，因為最大的大客戶一般要求最週到、最細緻的服務和最大限度的折扣，這往往降低了公司的利潤水準；小銷售額的大客戶又因較多的交易費用降低了公司利潤率，而中等規模銷售額的大客戶由於在關係中處於相對弱勢的地位，較少討價還價或者提出過分的服務請求。所

以，企業對不同大客戶，就會有不同的滿足度，這充分說明了客戶天生不平衡這一定律。

客戶天生不平等定律告訴我們：企業對所有客戶不能平均用力，一定要區分誰是你的戰略性重點客戶，也就是大客戶。一旦公司瞄準了其目標大客戶群並開始滿足和超過客戶的期望值，客戶的滿意度就會上升。隨之而來的是客戶的忠誠度增加，從而給公司的利潤帶來可以測量的顯著影響。

現在顧客的需求越來越高，而且呈多樣化，以致任何企業都不能滿足市場上所有客戶的全部需求，不僅如此，企業所選擇的目標客戶還必須進行差異化分析，進一步細分和篩選。

每一個客戶對企業的貢獻率是不同的，事實上，很多情況下，企業 80%的營銷費用花在只產生 20%的營銷資源。大多數企業的促銷活動往往只對那些對價格敏感型的非忠誠客戶起了作用，而欠缺對持續為企業做貢獻的老客戶進行相應的回饋。這樣做不僅浪費寶貴的營銷資源，而且極大地損害了老客戶的滿意度和忠誠度，長期下去就會侵蝕企業的市場基礎，使企業失去對未來市場的競爭優勢。

大客戶在這裏不是指客戶規模或實力的大小，而是對企業優質的貢獻而言，如果某一客戶在企業所有銷售利潤中佔的比例較大，那怕規模不如客戶，對企業來說，它就稱得上大客戶。

二、提高客戶佔有率的意義

除了將營銷的重點放在提升營業額之外，企業也應該思考如何增加每位客戶的營業額——也就是在一對一的基礎上提升

每一位客戶的佔有率。

　　由於提升現有客戶消費金額所需花費的成本往往低於開發一個新客戶的成本，所以它有助於提升公司的利潤。另外一個好處在於，當我們致力於提升現有客戶的銷售額時，我們正與客戶建立一個更長遠、更忠誠的客戶關係。為了要讓每一個客戶有最大的貢獻，企業必須掌握客戶的思維，而只有實行一對一營銷的溝通機制才能達到這個目標。

　　市場佔有率是一個宏觀且抽象的概念，而客戶佔有卻是一個具體的概念，它需要你進行一對一的鎖定和滾性化的營銷。客戶佔有是市場佔有的前提，客戶佔有了，市場也就佔有了。因為客戶是構成市場的基本元素，尤其是在大客戶和服務領域。

　　要提高客戶佔有率，關鍵在於對客戶進行一對一的營銷。要真正佔有客戶，必須從情感和理性兩方面同時下手，即：

客戶佔有＝情感佔有＋思想佔有

　　現代營銷已從「量的需求」階段、「質的需求」階段轉向了「情感需求」階段。

心得欄 _____

_____

_____

_____

_____

2

從品牌資產到客戶資產的轉移

一、客戶資產的重要性

現代營銷強調品牌的重要性並沒有錯，但這實際並沒有找到市場制勝的根本。因爲今天的市場競爭實質在於企業同眾多競爭者爭奪顧客的芳心。所以，顧客爲中心的企業需要一種全新的經營思路：根據顧客資產而不是品牌資產來管理企業，企業應重點關心顧客的盈利能力而不是產品的盈利能力。

市場成功的核心是顧客資產而不是品牌資產，企業現有顧客是企業未來收益的可靠來源，如何駕馭顧客資產就成爲企業決策制定的核心，同時也是構成企業競爭優勢的來源。

強勢品牌的資產包括：品牌知名度、對該品牌品質的肯定、品牌忠誠度、品牌聯想。強勢品牌可以提高顧客忠誠度。

品牌價值的產生往往來自於消費者對這個品牌的忠誠。鼓勵企業更積極地在建立品牌忠誠度上下功夫，這樣可以進一步提升品牌價值。但品牌資產導向也有其缺陷。

產品是工廠所生產的東西，品牌是消費所購買的東西。產品可以被競爭對手模仿，但品牌則是獨一無二的。產品極易過

時落伍，但成功的品牌卻能經久不衰。由此我們可以看出，品牌價值的最終評定者不是生產廠家，而是消費者或顧客。

顧客是水，品牌是舟。水能載舟，亦能覆舟。爲什麼市場上有這麼多短命的品牌？它們曾經無限風光，轉眼之間就消失得無影無蹤。其短暫成功是因爲它曾經爲目標顧客提供了有效的價值，得到了顧客的認可；失敗了，是因它忘記爲目標顧客創造持續價值。

顧客爲什麼會購買這個品牌？如果一個企業僅僅依靠知名品牌「吃老本」的話，遲早會被市場所淘汰，因爲它拋棄了顧客，顧客也就會拋棄它。

當我們談到資產時，通常指的是反映在資產負債表上有形的硬資產，如現金、存貨、設備等，能把品牌這種軟資產當作重要的資產對待，這已經是一大進步了。

如果我們要持續保持顧客的忠誠，就必須跨越品牌資產。企業必須圍繞客戶而不是產品來進行組織設計，這是歷史發展的必然結果。以客戶爲中心的企業需要一種全新的經營思路：企業的長遠價值很大程度上取決於公司的客戶關係的價值，我們稱之爲客戶資產。就是所有客戶終身價值折現值的總和。客戶的價值貢獻流的折現淨值，而不是品牌資產(企業品牌的價值)來管理企業，企業應重點關心客戶的盈利能力而不是產品的盈利能力，因爲品牌資產的價值來源在於客戶對品牌的滿意度與忠誠度。客戶資產是企業管理的重心。

企業現有客戶是企業未來收益主要的可靠來源，如何駕馭客戶資產才是企業決策的核心。

向客戶資產轉變是必然的趨勢。經濟發達國家促成經濟轉

型的一些變化趨勢正在形成，它們使管理重心不可避免地從品牌資產轉移到客戶資產。所有這些變化趨勢的中心思想是從以產品爲中心轉變到以客戶爲中心。

二、客戶資產的三個推動要素

客戶資產的三個推動要素包括：

1. 價值資產

透過從客戶價值感覺獲得的客戶資產。客戶購買選擇受產品質量、價格和便利程度等的影響，價值感覺是客戶感性和理性判斷。

2. 品牌資產

透過對品牌的主觀評價或非理性的判斷而獲得的客戶資產。

3. 維繫資產

透過維繫活動和關係培養而獲得的客戶資產。

知道客戶資產是企業成功的關鍵是不夠的，企業需要知道提升客戶資產的那個推動要素才能提升客戶資產。所以，我們需要解決兩個關鍵問題：一是什麼促使選擇某家企業的產品達成交易？二是什麼促使客戶重覆購買？客戶資產是動態變化的。一旦企業第一時間理解把握了客戶資產推動要素的動態變化，就可充分利用這些變化的有利時機。企業要不斷地跟蹤客戶資產推動要素的變化，並採取措施應對。

從表 2-1 的顧客地位與角色變化中看出，顧客的地位在不斷上升，到 21 世紀顧客已經成爲企業價值的共同創造者。

表 2-1　顧客地位與角色變化

項目	吸引事先預定的顧客群體	與單個顧客進行交易	與單個顧客建立起長期的聯繫	顧客是價值的共同創造者
時間	70、80年代早期	80、90年代早期	90年代	21世紀
經營交與顧客角色本質	顧客被視爲被動的購買者，認爲其擁有預定的消費角色		顧客是網路的組成部份。他們共同創造價值，既是合作者、共同開發者，又是企業的重要資產。	
管理者心智模式	顧客是一個平均統計量、顧客群體是公司事先損定的	顧客是交易中的一個統計量	顧客是一個人，培育信任和形成密切關係	顧客不僅是一個個體，而且是社會與文化架構中的一個組成部份
公司顧客的互動以及產品與服務的開發	傳統市場調研，產品與服務的開發不需要太多的反饋	從銷售轉向借助於服務台，呼叫中心和顧客服務計劃等途徑幫助顧客,在識別顧客的基礎上,根據反饋資訊重新設計產品和服務	認真觀察企業的顧客，並與主要顧客，並與主要顧客共同尋找問題的解決方案，然後根據對顧客的深入瞭解來重新構造產品和服務	顧客是個性化經驗的共同開發者,公司主要顧客在培訓、預期形成、促使市場接受特定產品和服務方面應密切配合
溝通的方式與目標	獲得顧客或進行顧客定位的工具，是單向的	資料庫營銷，雙向溝通	關係營銷、雙溝通與接觸	積極與顧客對話，影響預期的形成和促使共鳴的產生，多層面的溝通接觸

第 三 章

大客戶的特徵

1

客戶的類型

　　對於企業來說，抓住大客戶的目的是為了企業的生存、盈利和發展。但是並不是所有的大客戶都適合企業費盡心機去發展維護，每個類型的大客戶對於企業具有各自不同的作用，其質量也是參差不齊的，企業應該區別對待。其實，銷售部門只要對企業的大客戶做一點簡單的分析工作，就不難區分客戶的質量和類型。根據大客戶的業務情況建立一個以「客戶利潤」為縱軸、業務量(或銷售額)為橫軸的坐標，把所有客戶排列進去，就得到了一張「客戶類型圖」。

　　經過簡單地分析，我們就可能發現很多問題，例如對企業

銷售量貢獻最大的客戶可能利潤貢獻是負數；而銷售平均的客戶很可能創造著企業的絕大多數的利潤；還有一些客戶利潤貢獻是負數，這等於企業賠錢維繫這個客戶關係。爲什麼現出這些問題，企業是應該仔細分析的：客戶的採購量是否太小？企業對客戶讓利是否過多？企業銷售出的產品成本配置是否合理？對我們沒有利潤貢獻的客戶是否該持續享受我們這種優先的服務？銷售人員是否總是在報價上以過多折扣來完成銷售額指標？

一、大客戶的定義

廣義範疇的大客戶，是針對通常意義上的個人消費客戶而言，那些消費大的客戶即是大客戶；狹義範疇的大客戶，即商業銷售行爲中真正意義上的大客戶，實際是指商業流通客戶中的重要客戶，對賣方企業具有戰略意義上的客戶。他們可能的類型包括了購買產品後在產品上附加人類勞動的客戶、購買產品後不再附加勞動而直接加價出售的客戶、購買的產品直接用於企業運營耗費的客戶這三類商業客戶。

我們所定義的大客戶(也稱爲關鍵客戶)經常是被銷售企業特殊關照並給予特別關注的。一般情況下銷售企業會與大客戶各個簽訂長期合約並爲他們提供統一的價格和一致的服務，銷售企業內的大客戶經理負責監督、協調。一個公司的大客戶可能會由公司專門組織的人員組成戰略性客戶管理小組來進行管理，對大客戶的銷售、服務等工作也一般是由專門的小組按照一定的流程來協作開展的，銷售人員僅僅是小組組成部份，主

要負責對大客戶的銷售工作和溝通工作。

　　大客戶是企業效益的主要來源，創造了企業收入的絕大部份。對企業的生存起著至關重要的作用，是企業真正意義上的生存之本、發展之源。

　　經濟學界著名的 80/20 法則，即 80%的價值來自於 20%的因數，其餘 20%的價值則來自於 80%的因數。這一原理運用在現代大客戶銷售與管理中同樣具有重要的意義。一百多年前義大利經濟學家柏拉托就做過這樣的實驗，他發現一個企業 70~80%的銷售利潤都是由可能不到 20%的客戶貢獻的，也就是說，企業絕大部份的銷售量來自於一小部份客戶，而這部份客戶就是企業的大客戶。從這個理論誕生之日起，這個 2：8 的倒掛比例規律爲我們提示的道理就導致了越來越多的企業把目光聚集在大客戶上，並且紛紛把大客戶業務的發展提升到公司生存和發展的較高層面上，千方百計地去服務好大客戶，去爭奪大客戶。

　　企業爲了與大客戶建立長期穩定的關係往往不惜代價的與大客戶簽訂帶有折扣的長期合約，並儘量完善地滿足他們對後續服務的要求。在大客戶達到一定數量的時候，企業或商家會設立專門的大客戶部，來統籌管理針對大客戶的銷售和服務工作。很多企業甚至不惜成本地進行一對一的大客戶管理，也就是一位員工專門固定地服務一家大客戶。一個企業是否建立大客戶部一般是由企業大客戶數量來決定的。任何一家公司如果擁有三個甚至多個大客戶，就應該組建一個大客戶管理部門來進行運作。

二、大客戶的類型

透過上面的分析，企業可以將自己的客戶定義為 5 大類：
利潤貢獻的大客戶、維護品牌的問題客戶、忠誠購買的老客戶、
有成長潛力的小客戶、不斷變化的新客戶。

1. 利潤貢獻的大客戶

這種類型的大客戶往往是企業主要的訂單源。它對企業的
貢獻除了豐厚的利潤外，還有它的品牌宣傳作用和強大的行業
市場影響力。這類企業經常是行業內企業的榜樣，它的很多行
為方式是有大量客戶去模仿的。這類大客戶對企業的業務和利
潤的影響是不言而喻的，失去一個大客戶，對企業的影響難以
估量。

例如 2000 年 1 月 4 日，當美國通用汽車公司宣佈不再參
與 FREEMARKET 公司的 B2B 拍賣網合作時，由於缺乏通用汽
車公司的合作，FREEMARKET 公司的股票當日從每股 370 美
元驟然跌到 164 美元。

2. 忠誠購買的老客戶

忠誠購買的老客戶是企業最具「上帝」身份的客戶。

這種老客戶很可能多年來在業務上沒有很大的增長，利潤
也保持行很平均，但是一如既往，在很長時間裏都是指定購買
同一品牌的產品。對於企業來說，這類客戶是必須要全力維護
而不能丟失的，因為這類客戶的存在能夠保證企業和長期生存。

3. 有成長潛力的小客戶

市場的發展是瞬息萬變的，在當今的商業環境中一個小企

業很可能飛速地成長，在你不經意間可能已經是商場的主導品牌企業了。對於銷售企業來說，衡量一個小企業是否具有發展潛力，應該考察它的投資背景、產品市場增長率、市場定位、所處行業的遠景、其競爭對手對它的評價、與業務關係的依存深度等等。企業應該根據實際情況，來確定這類客戶，並確定好合適的策略以保持這種有成長潛力的小客戶未來業務的增長。選擇好這樣有成長潛力的小客戶對於企業未來的發展有重要意義。

4.不斷變化的新客戶

企業的銷售人員每天都開發出新的客戶，這些客戶是很不穩定的。首先雙方的信任度還不高，對於產品也還是處於試探性的階段，而且很可能初期的業務是沒有盈利的。企業對新客戶的選擇必須要慎重和重視。不能為了一個還不能定性的新客戶大量投入企業資源去維護，也不能忽視了一個很可能成長起來的新客戶。謹慎的接觸、長期的關注是對待新客戶的正確態度。

任何一個企業都是「一切向錢看的」，但是並不是所有的客戶都是值得去擁抱的。企業應該對所有的客戶作嚴格的細分，從根本上對客戶的性質進行定義，然後區別對待。並不是一定要為客戶提供完全一樣的產品和服務。總是一視同仁的對待客戶，不僅不能留住客戶，反而會傷害一些大客戶，而且將精力、財力投入到一些沒有價值的客戶上是一種資源浪費。

公司選擇大客戶的標準通常有以下幾個：

1.客戶的採購流程及數量（特別是對公司高利產品的採購數量）；

2.採購的集中性；

3.對服務水準的要求；

4.客戶對價格的敏感度；

5.客戶是否希望與公司建立長期夥伴關係，等等。

2

客戶金字塔

　　每位客戶對企業的實質付出和價值並不相同，正因為企業資源有限，所以企業對於各項投資與支出都應該花在「刀口」上。而所謂「刀口」，在客戶關係管理中所指的就是客戶金字塔中頂端階層的客戶，也就是「80/20 法則」中的 20%的部份。

　　「客戶金字塔」是一種相當實用的工具，它能幫助企業清楚區分與界定客戶價值，而避免將大把銀子一視同仁地花在那些不容易有貢獻度的客戶身上。客戶金字塔是根據銷售收入和利潤等重要客戶行為指數為基準，而將客戶分為 VIP 客戶、主要客戶、普通客戶為小客戶四種類別。

第一種類型：VIP 客戶

　　指的是金字塔中最上層的客戶，也就是在過去特定期內，依購買金額所佔最多的 1%客戶。若客戶總數為 1000 位，則 VIP 客戶所指的是花最多錢的前 10 位客戶。

第二種類型，主要客戶

客戶金字塔中，除了 VIP 客戶外，在此特定期間內，消費金額佔最多的前 5%的客戶。客戶總數為 1000 位，則主要客戶是扣除 VIP 客戶外，花最多錢的 40 位客戶。

第三種類型，普通客戶

除了 VIP 客戶與主要客戶，購買金額最多的前 20%的客戶。若客戶總數為 1000 位，則普通客戶是扣除 VIP 客戶與主要客戶之外，花最多錢的 150 位客戶。

第四種類型：小客戶

指除了上述三種客戶之外，消費金額為其他 80%的客戶。若客戶總數為 1000 人，則小客戶是 VIP 客戶、主要客戶以及普通客戶之外，其餘的 800 位客戶。

知名證券公司在解決資料分析方面的問題，結果發現他們的 VIP 客戶雖然僅佔公司總客戶的 20%，但卻是公司營收穫利 90%的主要來源，換句話說，有八成客戶是讓公司幾乎賺不到多少到的！這充分印證了柏拉托「80/20 法則」的實用性。

因此，想要真正深入地瞭解客戶，可以試著根據客戶對企業所貢獻的收益或效益，區分出客戶金字塔的分佈情況，並找出最重要的 20%客戶，當然這其中因為產業或公司的各家差異，比例可能是 30%到 10%不等，但若從營收分析的角度來看，通常都八九不離十。

瞭解客戶金字塔分析後，就能夠很清楚地看出客戶層級的分佈了。如果經由行銷部門妥善規劃項目，依據客戶價值，設計出配套的客戶服務項目，而後佐以業務部門的輔助，依照客戶價值，對 VIP 客戶定期拜訪與問候，確保客戶滿意度與忠誠

度，藉以刺激潛力客戶升級至上層，這樣不但對企業的獲利產生極大效益，並且在行銷、業務與其他經常性開銷等成本維持不變之下，客戶的升級還能爲企業帶來可觀的利潤成長。因此，僅僅概念性瞭解客戶是不夠的，還必須輔以數字化的客戶金字塔架構，才能對所有客戶的「整體面貌」有具體描述。

企業已經意識到 20%的重要性，但是只有先知道這些人是誰，才談得上以他們爲目標。如果公司的基本顧客群是可以知道數目的資料庫，可以一個顧客一個顧客地處理。如果公司擁有幾十萬甚至幾百萬名顧客，你就必須知道你的主要客戶是那些人，以及經常購買且購買額高的顧客又是些什麼樣的人。

其次，要向這 20%的顧客提供特別的服務。顧客認爲，若想創造出一家超級保險公司，「要建立起 20 個關係，用服務把他們保持住——不是一般的服務，不是好的服務，而是很特別的服務。要盡可能預知他們的需求，而不是他們提出需求了，才像出現緊急任務似地衝過去」。重點是，要提供令人驚喜的，而且不是出於職責所做的服務，也不採用當前業界共通的做法，這麼做也許會造成短期的支出，但長期來看，絕對有價值。

第三，針對核心顧客來發展新服務或新產品，特別爲他們量身定做。爲了增加市場佔有率，務必想辦法多賣些東西給你現在的這些核心顧客。一般來說，這不單是銷售技巧的問題，也不保是把現有產品多賣一些給他們。雖然說針對常辦的活動通常回店率總是很高，並且就短期和長期利潤來看獲利都很高，但更重要的是在現有產品上力求進步，或開發顧客需要的全新產品。可能的話，就與你的核心顧客一同開發。

最後一點，應當致力於永遠保留住核心顧客。初期時似乎

他們會使你的獲利受損，但過一段時間，一定能有實質性收穫。

借著顧客多消費，可以增加短期獲利。然而，利潤只是一張「記分卡」，只有在事後才能測量出一家公司健全的程度。真正能測量一定公司健全度的，是這家公司與它的核心顧客之間的關係有多深，有多長。顧客對一家公司的忠誠度，在任何情況下都是刺激獲利的基本因素。如果你的信心顧客群已經離你公司而去，就請快把公司轉手賣掉，或者請管理者走路。

如果你自己是老闆就炒自己的魷魚，然後想辦法把核心顧客贏回來，至少要做到顧客不再流失。反過來說，如果你的核心顧客很開心，你的業務自然能穩步成長。

3

如何發現大客戶

一、客戶資料的收集

大客戶銷售中搜集對方客戶的資料是銷售先期的重要工作，包括以下幾個重要的方面：

(1)客戶所在行業的基本情況，對行業宏觀背景的瞭解有助於談判。

(2)客戶的公司體制。因為不同企業體制下的管理層思路和

員工的做事態度，是明顯不同的，在瞭解這個資訊後，有利於我們以何種方式敲開對方的大門，並且時刻提醒自己在與對方打交道時應該保持的態度。

(3)客戶的組織結構。瞭解組織結構便於週密思考對方的責權，並更有效的對症下藥。

(4)客戶的經營情況，這些資料主要作爲分析對方企業實力和瞭解對方弱點的依據。

(5)客戶的財務支付情況，瞭解財務情況便於分析對方財務狀況和支付能力，也能儘早瞭解對方採購流程中的支付方式。

(6)客戶的內部資料：

①客戶各職能部門的聯繫方式，包括使用部門、採購部門、財務部門。

②客戶管理高層以的聯繫方式。

③關鍵個人的聯繫方式，由於關鍵人員在採購中的特殊作用，所以對於這些個人需要特殊的對待，詳細瞭解他們的資料經常能起到事半功倍的效果。包括：學歷、家庭、工作經歷、包含喜好、娛樂喜好、運動喜好、閱讀喜好、上下級關係、個人成就導向。

(7)競爭對手：

①產品的特點、優勢、劣勢、銷售情況、客戶使用情況。

②客戶滿意度。

③客戶對同類產品安裝使用情況。

(8)客戶近期採購計劃：

①最近的設備報損情況。

②項目主要採購負責人。

③採購流程變化情況。

④採購預算。

表 3-1　客戶資料表

企業名稱：	
企業簡介：	
經營模式：	企業性質：
法人代表：	註冊資金：
員工人數：	年營業額：
開戶銀行： 帳號：	
聯繫人： 地址： 省份： 城市： 電話： 傳真： 郵編： 網址：	

二、客戶的篩選

　　銷售人員工作時間是非常緊的，而且壓力往往很大，把時間精力花費在沒有潛力的客戶身上是非常不值得的。在客戶資料收集完成後，大家總要遇到眾多客戶的篩選問題。沒有誰能應付所有的客戶，所以我們必須學會選擇「好」的客戶。一群

「好」的客戶對公司的快速發展和目標的實現都是極有裨益的。相反，不合適的客戶必須要滿足以下要求：必須有可信的經營水準、財務能力和較高的信用；必須遵守雙方商業秘密的信用；必須具有積極的合作態度；必須具備有滿足配套使用或安裝的設施。

我們制定銷售政策時，必須考慮好我們應選擇什麼樣的客戶。從廣義上講，銷售人員應向最可能帶來贏利的客戶推銷。具體地講，我們將從以下幾個方面對客戶進行篩選。

1.供應能力應該滿足客戶需求

供應能力應該滿足需求，主要是針對購銷雙方而言的。銷售方在尋找銷售對象時，應該把注意力集中在購買需求與自己供應能力相對匹配的客戶。不同的客戶在服務水準、承受價格、要求品質、支付手段、運輸的標準上均有不同的要求，而銷售一方公司的承受能力也各不相同。比如，有些公司採用低價位入市，產品價格在同類產品中偏低；有些公司打的是服務牌，在售前服務、售後服務做足文章。只有當銷售一方企業的承受能力與客戶的購買需求相一致時，往往會從客戶那里得到較高的滿意度，從而與競爭對手相比，企業具備更大的產品優勢和加價權力。總而言之，公司應該努力分析客戶在進行購買決策時所考慮的全部因素，詳細分析客戶在購買交易進行中(發貨、運輸、貨單處理等)所涉及的各種因素。然後，根據這些資訊，對個別客戶與多數客戶進行排隊，按照公司能力，去滿足那些公司最能滿足的客戶，也就是說儘量去滿足那些確定能給公司帶來效益的客戶。

2.客戶企業發展和增長潛力

所謂客戶的潛力主要是指導客戶企業發展和增長的潛力。客戶的增長潛力決定著客戶採購產品數量的增長，同時也決定著銷售方售貨增長的穩定性。所以，選擇客戶時考查其增長潛力是極其必要的，一個發展中的企業，它的訂單量是有保證的，也是穩步增加的，但處於生存危機或前景暗淡的企業在採購上總是很不穩定的，訂貨量的突然下降或拖欠付款都時有發生，如果與這樣的企業合作會給銷售帶來業務上的不穩定，從而引起公司經濟效益的波動。現在銷售企業一般都認識到在訂貨量一致，甚至更低的情況下，都提倡選擇增長潛力大的客戶。因為客戶的不斷壯大，訂貨量會不斷提升，而且這種穩健的方針對發展中的企業是極有好處的。舉一個例子：一個生產顯示幕的公司，在面對一家電腦公司和一家電視機廠這兩種客戶時，就應該多考慮前者，因為電腦生產公司處於發展迅速且極具潛力的微機生產行業。

公司對客戶增長潛力的考察，可以從這 5 個因素出發：

・客戶所在行業的增長狀況；
・客戶所在的細分市場的總需求量增長速度；
・客戶在行業內的口碑；
・客戶在其所在主要細分市場裏市場佔有率的變化；
・客戶在財務支付上有無問題。

3.選擇欠缺壓價能力的客戶

就具有理性的消費個體而言，在購買時為了獲得有利於自己一方的條件，總是會做出不利於對方的行為。比如說客戶在採購時的壓價就是其中比較明顯的行為特徵。應該說任何一個

客戶都具有壓價習慣,因為壓價的多少,決定著客戶的成本,進而可以影響客戶的產品價格或運營開銷。而壓價對於銷售言而言,意義在於壓價的多少直接關係了企業的贏利。所有的公司都在尋找不具有壓價習慣和能力的客戶,但是顯然是一相情願的事。對於銷售企業來說,只能是盡可能尋找在壓價上沒有太多優勢的企業。對於購銷雙方來說,對方的價格與己方的利潤永遠是蹺蹺板,只能尋找一種相對的平衡。我們可以從下面的跡象看到一個企業的壓價能力。

(1)產品的特殊性導致供貨來源不多

如果客戶所需要的產品只有很少供應商,那麼他的壓價能力是極為有限的。例如:當買方需要定制個性化的產品,而能夠提供定制產品的賣方只有幾家,那麼買方的挑選來源就較少了,如果只有一家供方可以定制,那他就沒有別的挑選來源了。

(2)購買的區域性導致供應來源不多

有的客戶由於地域性的原因,不可能冒著風險去外埠採購,這樣的客戶在選擇產品進行交易時是面臨困難和局限的,一般情況下這樣的客戶壓價能力都比較弱。例如,在偏遠地區的客戶會考慮到遠距離運輸等交易成本而願以一定的高價選擇本地賣主。對他們來說,尋找新的賣主或品牌的風險太大,因此,寧願維持現有狀態。

(3)單次購買量相對較小

小批量購買的客戶在購買上壓價的態度是不會太堅決的,對於銷售方可以將大批量購買的價格優惠措施告知對方,刺激對方大批量購買。同時,購買方知道了價格與購買量的相對比例後也會衡量自己的購買能力而放棄壓價。

⑷長期合作的固定管道

當客戶與銷售方已經長期合作後，在價格上一般以維持慣行標準為主，不會隨意變更。特別在有些行業，客戶所面臨的轉移供應商的成本相當高的時候，客戶更會以長期合作利益為重。例如，自己的產品生產設備是按照供應廠家的供應產品的規格定制，改變新的供應商意味著舊的設備和生產線的更換，而且員工需要重新接受上崗培訓，這又增加了人工成本。

4.選擇欠缺價格敏感性的客戶

每個客戶都有壓價能力，但並不是所有客戶都會沒有原則的壓價。有些客戶對價格並不敏感，有的客戶寧可以高價換取高質量的產品。

⑴產品質量影響生產

如果採購的產品在加工生產中會因為質量問題而直接影響到生產的正常進行，或生產進度的如約完工的情況下，一般客戶不會太計較，而更看中質量。客戶會寧願為此付出代價來保證自己生產的正常。試想如果溫度監控設備的損壞造成一台非常昂貴的注塑機和模具損壞，甚至整條生產線停頓的話，客戶在購買時就不會太在意這台溫控設備的價格而更看中質量。

⑵雙方已有長期合作基礎

購銷雙方在已經擁有長期合作基礎的前提下，購買方對於銷售方的一些報價會減少在價格上的敏感性。但是這種信任是建立在雙方誠信的前提下的，如果購買方發現銷售方在價格、質量、服務上違反遊戲規則的話，這樣的信任將被打破，對方的價格敏感性不僅會提升還會上升到是否繼續合作的高度。

⑶客戶是行業的新軍對於價格比較陌生

無知或經驗不足的客戶往往對價格敏感性很高，但由於在行業內時間短，還沒有來得及摸清底細，甚至沒有發現更好的採購管道。所以這個時候的客戶價格上顯得很幼稚。

⑷產品是需要強有力售後服務的

如果產品是那種必須有很強售後服務支撐的類型時，客戶對價格的關注就在其次了。因為這種類型的產品需要週到及時的後續服務，服務的好壞可決定是否能節省客戶的時間和資金，或提高客戶的經營業績。通俗地說，由於你的後續服務給他帶來了豐厚的利潤，那他也不會介意你從中多賺些錢的。

對客戶選擇的基本戰略原則是按以上列舉的標準去尋找最佳客戶，並向他們推銷產品。當然，各種衡量客戶敏感性的指標往往會相互矛盾。因此，選擇最佳客戶在各種標準間進行平衡。

還有一個概念我們應該明確，公司不但應該選擇自己的好客戶，還應該創造出好客戶。公司可以某些客戶並且引導對方改變使之對己有利。但是畢竟具備上面那些因素的企業很少，而且客戶的素質不是一成不變的，決定客戶的許多因素都隨時間的變化而變化。隨著產業的發展，無知的客戶將越來越少。所以我們對待客戶也不能一成不變。在更多的時候我們應該更重視新客戶的開發，不斷在新客戶中發掘和培養銷售的最佳對象。

4

大客戶的特徵

大客戶在普遍特徵的基礎上還具備下列特性：

1.大客戶購買頻繁或單次數量多

大客戶喜歡採用集中購買的方式採購生產和運營的必需品，對於臨時出現的新品購買也採用多購置進行備損的方法，而對易耗品，大客戶喜歡與供應商簽署長期間歇性的供應合約。從這點上我們就不難從商業客戶群在找出大客戶。

2.大客戶銷售管理工作複雜

首先，針對大客戶的銷售管理工作一直隨大客戶本身的業務發展而不斷發展，增設新業務、合併、收購使客戶的需求和數量都隨時發生著變化；其次，許多大客戶對於生產原料或運營必需品採用集中向生產方直接購買的方式，大客戶同時會向多家銷售企業詢價，熟悉市場環境和行情後，大客戶擁有了更多的和賣方討價還價的機會；最後，隨著產品技術變得越來越複雜，大客戶的購買流程裏會有更多的部門和人員參與採購決策。面對這樣的難度，一般的銷售人員可能不具備向大客戶進行有效推銷所需的權威性和把握能力。

3. 大客戶採購的集中性很強

大客戶經常召開行業內的供應同會議，進行集中的採購，一來供應商集中利於行業統一價格的調整，二來可以就一些個性定制的要求進行探討，三是爲了控制上游供應商的出貨，以制約競爭對手的產量。

4. 大客戶服務要求很高

大客戶的服務要求很高，涉及面也很廣。除了使用前後及時週到和全面的安裝調試、實驗、試用、問題解決等服務要求外，還包括財務支付要求、供貨週期及運輸要求。大客戶的生產流桯要求嚴格、品質要求較高，因此對供應商要求嚴格，特別在售後的服務服務方面。在一般情況下售後服務的優劣都直接納入企業的供應商評估體系中，作爲重要指標進行考查。

5. 建立長期關係是大客戶的首要採購意願

囚爲採購工作頻繁，採購管理制度化，生產供給保障嚴格，所以大客戶希望供應管道相對穩定。基於以上的考慮，大客戶在進行採購時，短訓班表現出長遠考慮的跡象，甚至以長期合作的思維來要求供應商。人客戶這個意願當然是供應商求之不得的，但實際上也是一把雙刃劍，掌握不好很可能導致供應商對這個客戶的銷售出現惡性循環。

5

如何分類大客戶

定義和選擇目標大客戶是大客戶行銷中一個重要的環節，那麼如何定義和選擇目標大客戶呢？

細分市場的最初識別和隨後分類的依據是每一市場在指定時間的利潤增長和企業在這方面的競爭能力。不可避免，市場的一部份會處在「低潛力/低能力」區間，這意味著在該細分市場的一些大客戶也會掉進這個區間，就像在其他三個區間一樣。

顯然，細分市場的大客戶才是我們的重點。在「低潛力/高能力」區間中的大客戶也可成為我們行動的主要方向，以捍衛我們目前的業務。再者，我們也考慮「高潛力/低能力」細分市場中的大客戶，因為它們中以獲得未來收入現金流。通過這樣界定，就意味著在「低潛力/低能力」區間內的大客戶應是最後才引起我們注意的。不管怎樣，我們都需要一種方法來對我們的大客戶進行分類，而不管他們所處的區間。

上述所列舉的步驟正好可以用於大客戶的分類。

開始時仍然是先列出一份需進行分類的大客戶的完整清單，在縱軸上使用的較為頻繁的因素是：

- 可能的開支規模；
- 可能的邊際利潤；
- 增長率；
- 所處位置；
- 購買因素和過程；
- 目前供應商。

圖 3-1　定義和選擇目標大客戶

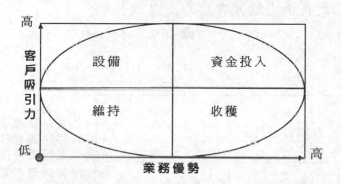

每項都應進行量化、加權、評分。通過這種方式，所有大客戶都在縱軸上分佈開來，只是一些在水準分界線之上(高潛力)，一些在其之下(低潛力)。

現在我們準備評價我們在每一位大客戶方面的競爭地位。它包含了如何評價我們在客戶方面的競爭地位。

由圖 3-2，可以看出這些關係可以分為大客戶孕育階段、大客戶早期階段、大客戶中期階段，它們出現在矩陣右邊(低能力)，而那些已經達到夥伴關係和協商關係階段的則出現在左邊(請記住，也可能有一些中期客戶出現在左邊)。

逐一分析每一個區間。從左下角的區間(「低潛力/高能力」)

開始，制訂出每個大客戶的理性目標和戰略。在此區間，通常意義上講應採用維持戰略，因爲這些客戶將會在一段時間內繼續提供豐富的收入，即便他們中的一些處在停滯或衰退的市場上，當我們已經同客戶保持良好關係的情況下更有可能，當然，他們也應該是值得保留的。另外，激勵在此處至關重要。更爲重要的是，我們應該尋求以前投資的回報，同時任何財務投資都應主要是維持類型的，這樣才有可能釋放現金和資源，以用於對更具增長潛力的大客戶的投資。

圖 3-2

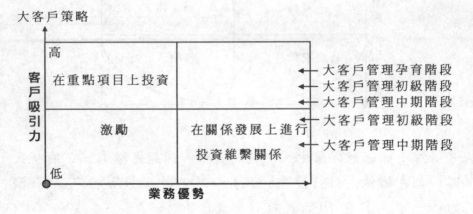

左上角的區間(「高潛力/高能力」)顯然是在銷售和利潤方面獲得增長的地方。這決定了企業應該採用具有進取性的投資方法，這些投資將獲得回報。計算淨現值(NPV net present value)來評價這些回報可能更爲恰當，進行該種計算應採用比資本成本更高的折現率，以反映其中蘊含的額外風險。在此處的投資都應繼續致力於發展聯合資訊系統和相互關係。

右上角的區間(「高潛力/低能力」)提出了一個問題，因爲

幾乎沒有任何企業有足夠的資源投資於更好地建立同該區間所有客戶的聯繫。因此，應該預測每一客戶未來 3 年的淨收入，並按資本成本(加上反映內含高風險的百分比)進行折現，以評價究竟那一些值得投資，完成了這項工作，也就是選擇了那些進行投資的個體後，在任何情況下，在該預算的年度都不應採用 NPV 等財務會計措施來進行控制，銷售量、銷售額、「收入佔有率」及關係質量都可以作為目標。這要將有可能推進選擇的客戶逐漸朝著夥伴關係的方向發展，在某些情況下，還可以發展成為協作關係。此時，將對利潤率的測量作為一種控制流程就較為恰當了。

最後一個區間(「低潛力/低能力」)中的客戶不應佔據我們太多的時間。一些可以轉交給分銷商處理，另外的一些由我們自己的人員處理，但要假設所有的交易都有利可圖並且能帶來淨的現金流。

在進行上述的一般分類之後，現在變得非常明顯了，公司所有職能和行動應該與大客戶設定的目標一致。例如一些大客戶經理在前大客戶、早期大客戶、中期大客戶階段管理客戶都表現得很優秀，在這些情況下銷售和溝通技巧是永恆的主題，而另外的一些經理卻更適合於管理與夥伴關係和協同關係有關更為複雜的業務。

簡而言之，企業(尤其是處於成熟和充滿高度競爭產業中的那些)中稀缺資源的有效分配是領導人員和高層管理管理者所面臨的主要問題。因此，必須的找到一些方法來保證目前銷售和利潤的增長，與此同時必須為保證未來的收益進行投資。

第 四 章

大客戶的需求與採購

1

(賣方)銷售行為與

(買方)購買行為的差異分析

　　由於採購方與銷售方的出發點完全不同,所以銷售方在進行銷售時的行為和心態與客戶的購買行為和心態之間存在很大的差異。如果銷售人員不注意這種差異的存在而以我為主的進行主觀銷售,是很難滿足客戶的購買需求的,不僅銷售很難達成,而且還不利於銷售水準的提高。

　　要確保大客戶的銷售成功,銷售人員必須仔細瞭解(賣方)銷售行為與(買方)購買行為的差異分析。

1.銷售行為與購買行為的關係造成差別

差別體現：銷售行為要受到購買行為的制約，而購買行為很少受到銷售行為影響。

就銷售而言，銷售行為在每一個環節都受到採購方意志的左右，通俗一點說就是看臉色行事。固然銷售人員可以把他的銷售技巧發揮到極點，盡可能爭取銷售效率，但是在銷售這個工作而言，很多時候是「謀事在人，成事在天」，而這個「天」就是採購方。我們要對採購方各個階段購買關鍵人的消費心理進行分析，作為銷售人員應該在銷售行為的每個階段都考慮到對方的心理變化。

銷售人員的變換工作的頻率一般是比較快的，很多銷售人員可能在某個行業、某個產品或某個階段取得過成功，所以他們很信賴自己的銷售技巧。但，當他轉行之後，往往忽視了對新的行業的分析，特別對購買方採購行為和心理的分析，這就造成了很多銷售行為的失敗。

銷售行為對購買行為的影響是有限的。雖然購買方會聽取銷售方在很多問題上的意見，並且以對方的知識來彌補自己的很多知識盲點，但是對於自己的購買行為，很少有採購方會按銷售方的意見進行調整的。

對於大客戶的銷售，我行我素的銷售手段和行為是存在很大問題的，購銷雙方應該增加互動的交流和探討，否則銷售方在營銷中會發現自己在重覆出現成本提升和市場機會喪失的問題。

2.購銷雙方的行為目的完全不同

差異體現：銷售人員關心的是如何將產品賣點突出完成銷

售,而採購人員關心的是購買的後果能否解決實際出現的問題。

所有的銷售代表人員在銷售時的宗旨都是一樣的,盡可能
將產品賣點突出以完成銷售,而採購方並沒有那麼急切,他們
關心的是能否滿足需求,能否解決實際的問題,而且對於採購
方而言,他們會因為一個需求面對很多銷售企業,所以選擇餘
地的情況也決定了在採購的態度上的穩重。因為這樣,心急的
銷售人員經常遇到釘子。銷售人員的主動性是很強的,任何的
壓力和工作的本職責任會促使他不斷向採購發出銷售信號,這
樣常常適得其反的遭到客戶的抵觸。

一個優秀的銷售人員在推銷產品時會經常將自己換位,去
為客戶思考,並且充分的向客戶表現自己的這種行為,不僅要
宣傳產品也在為客戶做一些計劃和建議。這樣的銷售人員當然
更容易贏得客戶的認同。

「所有的銷售方案和建議都應該是建立在怎樣解決客戶
實際問題的基礎上的。」

3.購買方與銷售方在技術關注方面的差別

差別體現:銷售人員關注的自身產品的技術含量,採購方
關心的是採購產品是否包含行業內最新的技術成果。

在銷售過程中,很多銷售人員主要在介紹自己產品的技術
含量和這些技術可能帶給客戶的一些利益。銷售人員經常滔滔
不絕的就技術給產品帶來的新功能或特點進行闡述。一般來說
這樣的推銷行為會很快被客戶厭倦,並且並不容易記憶。

其實客戶關心的是所要採購的產品的技術與行業內的最
新技術有多大的關聯。如果銷售人員總是介紹自己的產品特
徵,而客戶卻總想知道現有的產品與新技術有什麼聯繫,那麼

這們的銷售行爲就完全失敗了。優秀的銷售人員能夠將客戶所關心的問題引導到他將要推銷的產品上，或者在介紹產品時直接將自己的產品與行業內新技術緊密聯繫，這樣做將很好的滿足採購方的採購心理。但是在銷售過程中的確很少有銷售人員能完成這樣的要求，因爲這對銷售人員的素質要求相當高，不僅熟悉銷售的各種技能，還要在技術方面達到顧問的水準也就是顧問式銷售。

4.購銷雙方對售後服務的關注態度完全不同

差異體現：銷售人員認爲銷售服務(包括售前和售後)是銷售的附加條款，是一種賜予的贈送行爲，與銷售主題關聯不大。而採購方則認爲找賞的就是售後服務的態度。

銷售人員在進行銷售行爲時，很少將服務放在重要的賣點位置上進行闡述。因爲服務特別是售後服務的滯後特徵導致了大家對服務的認識出現偏差，總認爲服務是銷售成立後的一種附加行爲。而且由於這種認識的存在，使很多銷售企業不太重視服務，售前承諾特別好，一到銷售完成就給對方客戶一個急轉直下的感覺。

實際上，服務的行爲在銷售成功前就已經開始了，不管是銷售人員一次一次的前往爲客戶做介紹和產品演示還是準備銷售計劃書都屬於售前服務的範疇，而售後的安裝調試就更屬於服務範疇了。

因爲客戶採購的目的是解決實際問題，所以對他們而言，當然希望銷售方能夠解決他們的所有問題。爲了完成銷售的目的，銷售人員總是對售前服務做到有求必應，但銷售達成後就將服務的責任轉交給了客服部門，如果不在交接工作或銜接上

出現了問題，就容易對客戶造成不良的感覺。

鑑於上述，銷售企業應該在對客戶的服務上形成一套完整的服務流程，要求每一個環節必須有責任人，並且培養員工形成服務的意識。

2

大客戶的購買流程

銷售行為不是一個單純的行為活動，如果只限於單純地研究一個銷售行為而不去研究購買行為，銷售代表會發現整個銷售無法和客戶的購買行為相對應，而這種對應無論是在客戶的決策中還是銷售代表的決策中都是非常關鍵的。所以，我們必須瞭解購買行為的各個階段工作。

圖 4-1　採購行為六階段

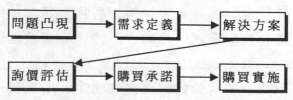

第一階段：問題凸現

在採購最前期的階段是一個發展問題的階段，一般可能出現的問題分四類：

(1)新產品研發或引進完成，醞釀投產。

(2)生產中的設備報損更換。

(3)正常生產的原料供給。

(4)企業正常運營的必備用品。

第二階段：需求定義

將直觀的問題轉化為能夠量化的、能夠實施的採購需求。一般情況下需求部門會提出多種採購需求建議。

第三階段：解決方案

在這個階段，根據需求部門提出的多種方案，前面提到的各個涉及採購的職能部門(包括使用部門、技術部門、採購部門、財務部門、管理高層)都會參加解決方案的討論。

這個時候需求使用部門會提出多種需求，技術部門進行評估，財務部門提出可行性分析報告，最後由決策層決策。這個階段最主要的工作是到底要不要採購，價格檔次定在多少。

一個好的銷售人員往往在這個時候就已經開始在接觸採購方的各個職能部門的關鍵人物，特別是對於決策層，如果在對方思考解決方案的時候就介入進行公關活動，會對後面的銷售起到很好的推動作用。

「在這個時段，如果能與相關採購的任何一個部門建立信任都會起到意想不到的作用。」

第四階段：詢價評估

根據各部門的討論結果和決策層的最後意見，採購部門開始向外詢價，發佈採購資訊，甚至是將採購指標以標書的形式發佈。

在這個階段，銷售方一定要在盡可能滿足對方要求的同

時，也要敢於指出對方在採購指標中不切合實際和不實用的地方，而且要在技術和專業方面都顯示出強過對方的實力，並且更多的站在採購方的角度去探討問題，使採購方不再將你當成一個銷售的對立面，而是將你當成一個採購的顧問。

「在投標和方案提供的階段，銷售人員應該將自己變成一個顧問。」

在這個階段也有一些經常性的問題要注意，比如客戶有些要求很不合情理，非常固執甚至不可理喻，銷售人員再多的解釋或推薦客戶都不放在心上，不管自己的採購指標有沒有錯誤，都不願意更改。其實，這個時候，銷售人員是應該體諒採購人員的，因為採購指標的定義涉關全局，並不是某個人就可以更改的，除非發現了致命的缺陷，否則很少有客戶會修改採購指標。

在詢價評估階段，銷售人員除了報價要認真審核外，與採購人員的言談也一定要慎重，每次接觸前的準備工作一定要做好，否則走錯一招，全盤皆輸。

第五階段：購買承諾

為了採購到更合適和價位更合理的產品，詢價一般都是同時針對多家進行的，在討價還價的過程中，買賣雙方的地位並不是平衡的，銷售方一般處於不利的地位。所以銷售人員要通過談判來保證自己的利益不受太大的損失，而且還要拿到這個定單。

這個階段，對於有購方來說，決策管理機構會起到最終也是最重要的作用，決定買不買或是買誰的產品都來自他們的決策。對於銷售方來說，購買承諾就來自採購方的決策層。

第六階段：購買實施

在合約簽訂後，就開始進入產品的交付和安裝、調試的實施階段。

在這個階段，客戶的態度會發生轉變，主要是安裝和調試以及售後服務上，採購方要依靠銷售方，採購方會請求銷售方按合約的要求認真辦事，準時交貨，按進度運輸。

在這個階段，看似銷售人員的使命已經完成，但是一個優秀的銷售人員往往在這個時候，不斷接觸採購方協助解決對方的實際困難和突發情況。特別在對方提出使用問題的時候，銷售人員要把它當成幫助客戶的絕佳機會。如果很好地利用了這樣的機會，採購方會特別信任銷售人員，在今後的購買行為中，一定會優先考慮這個銷售人員推薦的產品。

這 6 個階段也可以細化為以下幾個環節：

- 需要的確認
- 確定所需物品的特性和數量
- 所擬定指導購買的詳細規劃
- 調查和鑒別可能的供應來源
- 提出建議和分析建議
- 評價建議和選擇供應商
- 安排定貨流程
- 投入使用評價和反饋

這要細化以後，對於採購的各個階段工作表現得更明確，而且還突出了一個特點，就是採購是建立在現場調查的基礎上的。

3

大客戶購買案例介紹

背景：

A 公司由於拓展新業務新設立了部門，現在辦公室增加了，冷氣機設備不夠，夏天臨近新辦公室也裝修完成，需要馬上購買冷氣機。

新設立部門向公司提出了配裝冷氣機的要求。採購部門在得到公司決策層的肯定答覆後開始執行採購計劃。

情景 1：

冷氣機供應商：貴公司會在近期購買冷氣機嗎？

採購人員：是的。

冷氣機供應商：那麼具體的款式是分體的還是壁掛的？是要 1 匹的還是更大的？

採購人員：這個你是行家，你幫我分析一下？

冷氣機供應商：您放冷氣機的辦公間分別都是多少平方米？

採購人員：來時剛量過的，大間 30 平方米，共 3 間，小間 9 平米，共二間。

冷氣機供應商：一般來講，30 平方米左右的房間還是 2 匹

的最合適。

採購人員：您的分析和我們的採購計劃基本相似。

冷氣機供應商：我還有一個建議，那 3 個大間如果裝 2 匹的冷氣機，櫃機的效果要比壁掛的好。

採購人員：這個我們要核算一下，我會再與您探討。

這個時候客戶已經明白了需求，也基本確定了購買對象。同時在與這個供應商探討時，對方的態度和比較專業的介紹，也給採購人員留下較好的印象。

情景 2：

採購人員：你們的 2 匹分體產品裏那種型號最好銷？

冷氣機供應商：A 產品經濟實惠，B 產品外觀漂亮豪華，C 產品返修率最低，D 產品的服務最好，是五星鑽石級的。

採購人員：這種 C 產品多少錢？

冷氣機供應商：3500 元。

採購人員：打折嗎？

冷氣機供應商：促銷季節已經過了，目前沒有折扣。

採購人員：我這裏是統一購買，還是算批量的了，肯定有折扣的。

冷氣機供應商：這樣吧，就按照我們公司規定的最少批量(6 台以上)折扣價九五折。因為您還沒有在到折扣價的最低限制，所以價格上我也只能讓步到這裏了。

採購人員：多少錢？

冷氣機供應商：3325 元。

採購人員：這肯定不行，我問過 XX 牌了，質量都差不多，人家外觀也不錯，同樣這種款式才 3200 元。

冷氣機供應商：一分價錢一分貨，我們連續 3 年獲國家評選的質量信得過企業，而且採用德國技術。最關鍵的是我們的售後服務特別好，還沒有什麼品牌能像我們那樣，能免費上門安裝，兩年免費修理，並且終身保修。

採購人員：這一點上我還是比較信任你們的，但是價格上一定要讓步，不然我無法保證公司會同意購買。

冷氣機供應商：您 1 匹的也在我這裏購買嗎？

採購人員：價格合適，我當然願意全部在這裏購買。

冷氣機供應商：這樣吧，2 匹的按照 3250 元計。1 匹的按照九五折計算，原價 2000 元，現在 1900 元給您。這是最終價了，不能再下降了。

在大客戶的採購過程中，負責採購的人，不一定是爲採購做決定的人，所以，在採購之前就會有一個非常重要的階段：內部醞釀。在這個階段，客戶會分析採購的投資劃不划算，投資回報率值不值得。然後，由發現採購需求的人提出要求，採購人員向公司財務和管理層提交了採購方案，客觀地列舉了多家品牌的質量、功能、缺點和價格，並附上了個人意見。再由財務部門做出可行性的分析，由決策者來決定是採購還是不採購。所以，內部醞釀階段在客戶內部是一個非常複雜的階段，完全在客戶內部來運作。雖然這個階段對客戶的採購起著關鍵作用。但是銷售人員看不到，也不容易瞭解。

採購人員在向公司做出採購計劃之前會多方詢價，瞭解到最可靠和最實惠的管道選擇購買。並且利用採購數量和其他品牌的低價壓制對方的價格是常用的定價方法。

公司最終選擇了一家品牌進行購買。

情景 3：

採購人員在完成採購後立刻與使用部門聯繫，並且告知他們冷氣機上門安裝的具體時間，希望他們配合。在冷氣機使用 1 月後，使用部門向採購部門提出了問題。

使用部門：有一台 2 匹的不製冷了，還有 1 匹的噪音都很大。

採購部門：我馬上過來看看。

採購部門根據使用部門的提示也發現了問題，於是再次溝通供應商。

部門：(打電話)你們產品質量好像个是你說旳那樣好吧，問題那麼多，我可要求退貨。

冷氣機供應商：(打電話)對不起，我們馬上派人來查看，如果真是我們產品的問題，我們一定按照質量承諾收的要求處理。

在實地的檢查後發現，1 匹冷氣機是使用个當造成的，2 匹冷氣機可能是因運輸造成了內部零件損壞。

採購部門：你看怎麼處理呢？

冷氣機供應商：2 匹的冷氣機我們以上換貨，立刻派人來安裝，如果再出現質量問題，我們保證給您退貨，貨款全退。1 匹的冷氣機，我們的工程師會給大家詳細講解使用方法，保證不會再出現噪音。

採購部門：那好吧，我再相信你一次。

冷氣機供應商：謝謝。

4

針對大客戶銷售的準備工作

幾乎所有的銷售人員對於銷售的態度都是迫不及待的，但是在銷售實施前銷售準備工作是必不可少的，因為它是銷售進程的可靠指引。

銷售準備工作具體的步驟如下：

1.瞭解產品核心價值，正確定位，劃分銷售行為對象

銷售人員首先應該明確產品的核心競爭力，這一點是不難的，所有的企業都會就這個問題培訓員工。但是在明白核心價值之後，接之而來的就是定位問題了。

產品定位就是產品在客戶的心目中所佔的地位。也許一個很不錯的產品，客人定位卻不是這樣。就像一輛十萬元左右的家庭型轎車，你想把它定位在高檔商務車上，這是不可能的，也是銷售人員無法做到的。但是一輛豪華的凱迪拉克，你就可以根據客戶的實際情況，將它定位在私人用或商務用方面。還有一種產品不管你如何宣傳或是廣告，它在人們心目中的定位是不會動的，因為這種產品早就被別人給定位好了，除非銷售人員很有把握的找到了它的新定位，否則去向別人灌輸偏離原來定位的產品思想也是不會成功的。在產品定位確定後，實際

上目標客戶也浮出水面了。

　　在確定目標客戶後，要找出客戶企業中各個職能部門的關鍵人物，因為他們是銷售行為的主要對象。銷售人員應該在與他們打交道前，盡可能瞭解他們的習慣、愛好、背景，然後根據以上情況設計好與他們溝通時的「臺詞」。

　　由於採購方各個職能部門在責權上有交叉，而且相配限制，所以銷售人員要處理好與各個部門的關係，也要特別注意各個部門之間微妙關係。

　　2. **評估目標客戶**

　　銷售不是僅僅來自現有客戶，每時每刻都要開發新客戶。對於已經被列為目標客戶的評估是銷售的重要前提。需要評估的內容大體有：

　　(1)客戶的採購量

　　(2)客戶的採購心理價位

　　(3)客戶長期採購的可能

　　(4)客戶的支付能力

　　(5)客戶的信用度

　　(6)客戶的忠誠度

　　(7)客戶的後續服務要求

　　3. **分析需求，掌握需求動態**

　　在銷售進行前，就可以根據已知情況對購買方的需求進行預估和分析，並且根據預估的情況實施發散型的思考，爭取盡可能全面的想到購買方可能會提出的要求，在銷售人員大腦中可以形成一個動態的需求鏈條。有了這樣的準備，銷售人員在與採購方溝通時就具備了很強的應變能力，對於對方提出的諸

多問題，銷售人員可以立刻給予解答。

4.預算銷售成果，進行樂觀與悲觀評價

在前面的各項工作完成後，應該對銷售成果進行評估。評估不是要一個固定的預算值，而是計算出銷售成果的上下限，並且對銷售行為制定最差的行為後果。這樣做一是為銷售人員設定銷售目標，二是為事後分析銷售行為後果提供素材，有利於經驗的提高和案例的分析。

在預算銷售成果時，除了考慮自身能力，採購方實力和採購誠意等因素外，還要考慮自身產品處於產品生命週期的什麼位置，參考市場總體的反應情況，因為產品的生命週期變化帶來的市場整體反應變化，這個因素不是銷售人員能夠掌握的。

5.分析競爭對手的現狀

在去談客戶之前，一定要掌握競爭對手的狀況，因為別人很可能已在你之前與客戶溝通過了。為了防止客戶用競爭對手來壓制你的銷售條件，所以銷售人員應該在這之間瞭解競爭對手的產品情況和經營情況以防措手不及。

瞭解競爭對手情況可以用下面一些方法：

(1)從客戶的動向把握對手的進展

(2)從競爭對手的經營情況探知內情

(3)從競爭對手銷售人員的狀態來瞭解對方的情況

(4)從競爭對手的價格變化捕捉動態

(5)從參觀訪問中搜索資訊

(6)從行業會議及展覽中套取資訊

◎案例

某公司市場調查工作計劃

　　公司的某產品研發工作已接近尾聲，全面的日常銷售即將展開。在公司開始實施銷售計劃以前，必須提前做好市場調查及預測工作，並據此做出正確的銷售策略。為對廣泛的市場訊息進行有效的調查，從而做出近乎實際的市場預測，特制定本工作計劃。

　　第一條：市場調查及預測工作在經營副總領導下由銷售部門統一管理，質檢部、研發部、事業拓展部、資訊中心等有關部門參與共同完成此項工作。

　　第二條：調查及預測的主要內容及分工

　　1. 調查行業內各廠家同類產品在國內外全年的銷售總量和同行業年生產總量，並以此來分析同類產品市場供需飽和程度和本公司產品在市場上的競爭能力。上項資料由公司資訊中心提供。

　　2. 全面調查行業中同類產品在全國各地區市場佔有量以及本公司產品所佔比重。此項資料由公司資訊中心提供。

　　3. 盡可能瞭解各地區用戶對我公司已推出的產品質量反映，技術要求和配套使用意見，藉以提高新產品質量開發新品種，滿足用戶要求。此項資料由質檢部和研發部分析提出。

　　4. 瞭解同行業產品更新其改進方面的進展情況，用以分析產品發展新動向。此項工作由研發部提出。

　　5. 預測配套生產供給狀況，全國各地區及外貿銷售量，平

衡分配關係，此項工作由銷售部予以整理並做出書面彙報。

6. 搜集國外同行業同類產品更新技術發展情報，外貿以對本公司產品銷售意向，國外用戶對本公司產品的反映及信賴程度，用以確定對外市場開拓方針。國外技術更新資料由研發部提供，外貿資料由銷售部提供。

第三條：市場調查方式

1. 抽樣調查：對不同類型用戶進行抽樣的書面調查，徵詢對本公司產品質量及銷售服務方面的意見，並試探新產品的認可度和趨同度。根據反饋資料寫出分析報告。

2. 組織公司市場人員、設計人員、銷售人員進行用戶訪問，分短期和長期定期的進行，訪問期間結束，填好用戶訪問登記表並寫出書面調查彙報。

3. 銷售人員應利用各種訂貨會和展覽會加大與用戶接觸的機會，徵詢用戶對產品和公司服務的意見，收集市場反饋資訊，並寫出書面彙報呈送公司管理層。

4. 客戶服務部門要搜集日常用戶來函來電，進行分類整理，需要處理的問題應及時反饋。

5. 不定期召開大客戶座談會，交流市場訊息，反映質量意見及用戶需求等情況，鞏固供需關係，發展互利協作，增加本公司產品競爭能力。

6. 建立並逐步完善大客戶檔案，掌握大客戶需要的重大變化及各種意見與要求。

第四條：市場調查客戶預測所提供的各方面資料，銷售部應有專人負責管理，綜合、傳遞並與公司資訊中心密切配合，做好該項工作。

5

針對大客戶的需求分析

一、需求性審查

在大客戶購買中，每一個合約的條款實際上都來目銷售前期提出的需求。營銷人員想要達成銷售，首先就要從客戶實際需求入手，應盡可能全面地瞭解客戶的需求，因為在銷售過程中，任何一個細小的疏忽都可能成為銷售失敗的因素，所以一定要全面地對大客戶的需求進行分析。

「只有滿足了客戶需求，才能帶來銷售機會！」

「客戶是真正的銷售專家。如果聽取他們的意見，他們將告訴你怎樣加強彼此之間的關係，怎樣賣出更多產品，如何增加你的銷售額。而他們反過來想要的東西就是：要將他們作為朋友來真誠對待，而且要像他們一樣認真對待他們的工作。」

需求性是大客戶基於解決某一問題而對產品要求的描述，對客戶需求性的準確把握，要求我們首先要站在客戶的角度想問題，可以從以下五個方面著手。

1.準備充分

客戶一般都希望銷售人員瞭解他們及他們的業務，也希望

銷售人員在進行銷售活動以前能多做一些準備。對於客戶而言，他們同時也希望銷售人員對他們採購的目的和目標感興趣，積極地幫助他們完成候選產品的篩選和界定工作。

2.知識充足

客戶希望銷售人員相關知識充足，這些知識包括對他們的目標和環境的瞭解，對他們產品及政策掌握。客戶希望銷售人員能夠提供解決辦法，幫助減少麻煩，並幫助他們拓展業務。

3.利益共贏

幫助客戶銷售是一種站在客戶角度思考的行爲方式，銷售人員將自己的產品與客戶產品的賣點相結合，以求提升客戶的銷售來帶動自己產品的銷售。客戶當然希望銷售人員能幫助自己贏利。一旦銷售人員將自己的銷售慾望和客戶的銷售慾望捆綁了，交易就做成了。銷售人員在銷售同時不僅自己銷售了產品，如果也幫助了客戶的銷售，那麼，他們做成的就不僅僅是筆交易，而贏得了一位忠實的客戶。

4.良好的人際關係

一位優秀的銷售人員肯定與客戶保持著很好的人際關係。而客戶也希望銷售人員關注的不僅僅是獲得提成，完成交易。他們希望銷售人員對他們的所有需求感興趣。客戶更喜歡從信得過的人手上買東西。

5.守信用重服務

所有的客戶都希望銷售人員信守承諾。一個好的銷售人員會建立聯繫和客戶回訪的時間表。這樣可以確保在銷售之後的任何事情，如運輸和調試都順利進行。在客戶的心裏銷售人員最好都是自己的專職人員，他們隨時需要你去解決他們可能會

遇到的任何問題，例如客戶服務，維修或付款等。雖然你不可能完全做到，但是每位客戶都希望你最先解決他的問題。

以上是我們從客戶角度分析需求，下面我們從銷售企業的角度對客戶的需求進行分析，可以從以下 6 方面入手。

⑴ **誰需要產品**

銷售企業要明確誰是真正的購買者、決策者、使用者、以確定主攻目標，並有效的分配資源。

⑵ **需要什麼樣的產品**

即對大客戶需要什麼樣的產品，採購產品的用途、使用要求，將在什麼條件下使用等問題明確清楚，這些問題決定了大客戶對產品的選擇標準，並為營銷員提供了營銷說服的基點。對大客戶要什麼的問題的審查，不能只停留在粗淺的表面上，而要挖掘到對產品要求的具體描述。

當然，對要什麼的問題，並不是所有的大客戶都十分清晰，銷售人員可通過大客戶對產品的使用條件、用途和使用要求這些具體事項的瞭解做出清晰的描述。而且，在洽談中，銷售人員還可以此來確認和誘導大客戶的產品選擇標準與選擇傾向。

⑶ **為什麼需要**

企業應仔細調查大客戶是否對某一品牌特別偏好。如果大客戶沒有明確的品牌傾向，表明任何廠商的產品都沒有優先性的排他優勢；如果大客戶有較明確的品牌傾向時，而自己的產品品牌與大客戶品牌傾向一致，表明自己已獲得優先性的排他優勢，反之則為大客戶的排斥。但是，大客戶的品牌傾向很少只結合本次購買實際需要，而更多時候是在充分調研分析和比

較的情況下形成的。大多數大客戶品牌傾向往往根據過去的購
買使用經驗，或者是主要決策者的認知結構，或者是其他週圍
大客戶的選擇影響而形成的。所以當企業的產品品牌與大客戶
的品牌傾向不一致時，一定要分析大客戶的品牌傾向與其需要
性之間是否一致，找出不一致的地方，以此爲基礎建立自己品
牌的賣點。

⑷**什麼時間需要**

企業對大客戶做購買決策、簽約及履行合約的時間要明
瞭。時間問題可通過大客戶的採購計劃日程做出相應的判斷。
但有時，也可能難以從大客戶處直接詢問到準確日期或大客戶
會因各種原因而調整計劃日程，此時就要結合大客戶生產、經
營或業務進程做出合乎實際的推測。

⑸**價格定位**

即大客戶爲實現某項購買而設定的心理價位或購買(項目)
預算。大多數情況下，尤其是當大客戶具有明確的購買意圖和
購買計劃時，都會有相應的期望價格。如果大客戶沒有明確的
期望價格，往往表明大客戶尚未正式進入採購工作流程；或者
是屬於高度重視需求滿足的大客戶，這類顧客一般在明確需
要、確定滿足需要的最佳方案的基礎上形成期望價格。瞭解和
掌握大客戶的期望價格，對於銷售人員確定產品報價和議價的
策略是極其重要的。銷售人員可通過正面或側面向大客戶有關
人員瞭解，也可通過大客戶對產品要求的檔次進行推測，還可
以從大客戶近期所購買其他相關的價格檔次中做推測。

⑹**需要數量**

企業對大客戶需購買產品的數量要有大致瞭解。購買量對

銷售人員確定報價和議價策略是很有幫助的，銷售人員在考察大客戶要多少問題時，既要考察當前的交易量，也要考察潛在的購買量。營銷代表可根據大客戶業務發展計劃及執行計劃的能力，通過對大客戶有關人員的詢問來判斷大客戶購買量。但在考察購買量時，不能僅以大客戶的所稱為據，還要結合產品性質及大客戶執行的業務計劃的確定。如產品是消耗性的或使用壽命較短(如原材料、工具等)，則潛在購買量就具有較大的可實現性，如大客戶有充分的能力推進其業務發展計劃，是其潛在購買也會有較大的可兌現性，當然，如果這些潛在購買量由當前的採購組成人員執行,取得潛在購買的可能性也會增加。

二、大客戶需求決策分析

1.決策流程

　　銷售人員對大客戶採購活動中不同職能部門之間的作業流程要瞭解。大客戶單位中一般有常設的供應部負責收集供應資訊，接待營銷員；由產品使用單位和使用者提出對產品的使用要求；由總工程師負責擬定產品的技術和選型標準；由行政領導負責最終的購買決策。這些是大客戶採購活動的基本流程。

　　準確把握大客戶採購的決策流程，對銷售人員在營銷活動的不同階段找準接近和說服的對象是很有益的，明瞭這些不同的對象在採購決策流程中所起到的作用，就能避免對某個特定對象的過分期望或忽視而使銷售失敗。

2.決策權力結構

　　大客戶內部決策流程中人員之間或決策權力是相互制約

的，是極其複雜而又微妙的制約關係，往往在無形中就決定了營銷的成敗。所以銷售人員必須極其慎重而準確地做出判斷。決策權力結構是一個與決策流程密切相關的問題。一般而言，大客戶決策流程中各決策環節上的職能部門主要行政負責人或項目負責人就是相應的決策權力人，他們分段決策、各負其責。但實際情況往往要複雜並微妙得多。

例如，一個管理上高主集權的大客戶，上述決策權力人會變成名義決策權力人和事實上的執行人；而一個嚴格實行分權管理的大客戶，情況卻與之相反。此外，由於「歷史」的原因，有時這些決策權力人之間會產生一種十分微妙的權力制約關係。一種極端的情況是，他們由於歷史積怨，或各自不可明瞭的原因而相互無原則地否定對方的決策取向。

對大客戶決策權力結構的審查不能僅以年齡長幼、職務高低、部門職責等表像來做主以判斷，以免成為特殊的大客戶決策權力結構的犧牲品。

3.信用度

分析大客戶信用度主要是對大客戶單位及其主要決策人和合同執行人的可信任程度的瞭解。在銷售過程中，銷售人員與大客戶之間很多時候會做出一系列的彼此承諾，這些承諾是否兌現，很大程度上取決於大客戶的信用度。信用度越低的大客戶，交易風險越大。這需要銷售人員盡可能對大客戶信用度做出自己獨立而準確的判斷，並通過談判而實現自我保護。如對信用度較低的大客戶，可承擔一筆轉運費而爭取在本公司或中立地點交驗貨；或對大客戶出讓一定的利益而降低尾款比例等。

三、大客戶支付能力分析

從銷售的角度講，大客戶的支付能力就是大客戶對其採購的貨物如約按時支付貨款的能力。

從可操作性上講，對大客戶支付能力的分析審查，主要是瞭解大客戶購買的資金來源及到位情況。不同的大客戶其資金來源管道是不同的，不同管道的資金來源，其支付保障性就會不同，而資金的到位情況則決定了大客戶是具有現實的支付能力還是潛在的支付能力，只有已到位的資金才形成現實支付能力，對潛在支付能力是否能按期轉化為現實支付能力則要分不同情況予以對待。

例如，對一個行政事業單位而言，其支付能力的資金來源一般有行政事業經費、經營收入和專項撥款等。當它是以專項撥款作為購買資金時，由該項撥款是處於立項報批，還是已獲其上級部門批准，是否已列入相應的財政計劃，列入何期財政計劃，分幾期劃撥，劃撥的不同進程階段，實際批准的資金計劃與實際撥付的資金量和該大客戶立項報批計劃，列入相應的財政計劃，分幾期劃撥，劃撥的不同進程階段，實際批准的資金計劃與實際撥付的資金量和該大客戶立項報批計劃資金量之間有多大差距，其差距是以經營收入彌補還是其他途徑彌補等，都決定了該大客戶的現實和潛在支付能力狀況。

當銷售訂單金額與大客戶業務規模相比屬於小額訂單時，或可做到錢貨兩清時，只要觀察大客戶是否有足夠的現金維持其正常業務開支就可判斷出大客戶的支付能力。但當訂單

金額太大，以至大客戶需要專門爲該項購買進行預算並在項目
進行過程中籌集資金時，或當訂單的執行週期較長並分爲若干
期支付貨款時，銷售方就一定要對大客戶的支付能力進行專門
的研究。既要瞭解大客戶的購買資金來源，又要瞭解其到位情
況，對未到位的資金，還要瞭解和證實到位的可能性大小和可
能到位的量與時間。

6

針對大客戶的錯誤觀念

一、給大客戶的優惠政策愈多愈好

現在越來越多的企業開始將大客戶作爲自己最主要的銷
售對象，並取得了不錯的業績。但是，在取得成績的同時，也
有不少的企業在「經營」大客戶時遭遇尷尬處境：投入頗大，
回報卻慘澹！問題出在那裏呢？——出在企業犯了錯誤，進入
了大客戶營銷的誤區！

大客戶銷售與管理肯定對企業有非常大的益處，但是，凡
事都是有對立面的，有收益，必然也會有風險。企業進行大客
戶銷售應避免進入大客戶營銷的誤區。

大客戶規模大、實力雄厚、銷量驚人，因此，大客戶對企

業的重要性要遠超出一般的中小客戶。要想有回報，必須先要有付出，所以，企業給予大客戶的優惠政策應該比一般中小客戶的政策優惠得多，這個道理企業和大客戶都心知肚明。事實上，在大客戶銷售過程中，大客戶會要求獲得比一般中小客戶更好的營銷政策，而一般企業也會提供這種更優惠的政策。

但是我們也要明白，任何企業存在於市場中，最根本的目的就是獲得利潤，贏得繼續生存和長遠發展的空間；大客戶也是商人，商人的本性就是「惟利是圖」。所以，從這個前提出發，企業常犯這樣一個錯誤：企業認為，只要自己承諾給予大客戶的返利越高，給大客戶提供的政策更優惠，那麼，大客戶就會「投桃報李」，會更盡心地幫助企業打開市場，贏得更大的市場佔有率。

大多數企業在對待大客戶營銷中，確實是抱著這種觀念，而且也確實是這樣做的。但是，結果往往卻出人意料：企業付出的多，從大客戶那里回收的卻少，甚至還比不上少投入時的回報！

為什麼呢？答案很簡單。首先，大客戶作為商人，不僅是「惟利是圖」，而且是「貪得無厭」，「慾望」是沒有止境的。企業給予大客戶的支持越多，大客戶對企業提出的要求就越多；企業永遠無法滿足大客戶的慾望。其次，企業支援大客戶，雖然提供了大量的政策支援和市場支援，但是，企業並沒有對大客戶提出相應的效益回報要求，大客戶也沒有以正式書面的合約、條款來限定自己必須完成多大的銷售任務，因此，企業提供的支持只是企業單方面而行，幻想大客戶會「將心比心」服務企業也只是企業的「一廂情願」。再次，大客戶一般都是久經

沙場，深諳「風險與收益」成正比的關係，企業單方面提供如此大的政策支援，大客戶內心會猜疑企業產品質量可能低劣、售後服務無法得到保障等隱患問題，從這個角度出發，大客戶也只會是多拿企業的所有市場支持費用，而不會用心去銷售企業的產品。

大客戶雖然追求利潤，但是，它所追求的只是一種「合情合理」的利潤，而絕對不是那種稀裏糊塗、隱患甚多的利潤；企業在給予大客戶營銷政策的市場支援時，必須把握好一個「度」的問題，並不是優惠政策愈多愈好，「過猶不及」就是這個道理。

二、大客戶獲量，中小客戶獲利

大客戶的實力和市場佔有率要大於中小客戶，因此，大客戶企業提出的要求也遠多於中小客戶對企業提出的要求。企業需要付出更多的努力才能獲得大客戶的「芳心」。正因為如此，許多企業將自己的總體營銷思路定為：重視大客戶營銷，但目的並不在獲得利潤，而在於提高銷量，擴大市場佔有率；企業的主要利潤來源於中小客戶。

初看，這個思路好像是沒有錯的。現實情況是在許多領域，大客戶(尤其是連鎖大客戶)會對企業提出種種無數苛刻的條件，許多企業甚至根本進不了大客戶的賣場，即便進入，也是很難獲得現實的利潤。但是，一旦企業進入這些大客戶的賣場，那麼，銷量往往會有一個較大的提升。這是一個兩難的選擇：不進入，等死；進入，找死！企業經過綜合考慮，往往最

終會選擇進入大客戶的賣場，但是企業對利潤是沒有任何指望的。

隨著市場的深入發展，企業不應繼續持這種觀點。事實上，現在大客戶勢力越來越強大，在大中城市，甚至在普通城市，大客戶佔據了絕大部份市場佔有率，中小客戶只有很小一部份佔有率。企業希望通過中小客戶來獲得利潤的觀念已經變得不切實際了。此外，(連鎖)大客戶發展日益規範化、現代化，企業只要進入大客戶這個門檻，後面的營銷費用不一定比經營中小客戶的營銷費用高，甚至還會略低一些。加上越來越多的商家認識到，惟有廠商共贏，才是雙方真正的出路，廠商之間的合作要遠大於競爭。企業在大客戶營銷過程中，應該轉變以往那種靠大客戶獲量、靠中小客戶贏利的觀念。

三、沿襲傳統營銷思路

大多數企業都是同時與大客戶和中小客戶打交道。相對來說，企業應該更加重視大客戶。但是，許多企業並沒有真正轉變觀念跟上大客戶的步伐，在與大客戶打交道的過程中，仍沿襲傳統的營銷思路，把大客戶當成傳統的中小客戶來看待。企業的這種思路在很大程度上制約了企業與大客戶之間的良性、協作的發展局面。

企業這種思路的表現是，沒有專門機構專人負責與大客戶打交道。大客戶的營銷傳統中小客戶的營銷模式有很大差異，企業卻沒有看到這種差異，反而由原本負責中小客戶的營銷人員負責與客戶之間的聯絡、溝通。

企業營銷人員按照「對付」中小客戶的方式來「應付」大客戶，比如，給大客戶發「指令性」,「命令」大客戶做這做那；對大客戶正常經營指手畫腳，橫加干涉：一旦碰到遺留問題或者是難於解決的問題，推諉拖延，拒不承認，要麼就是敷衍了事……

沿襲傳統營銷思路的企業在與大客戶打交道的過程中，一定會遭遇類似的問題。這樣的境況使得雙方的合作成為一句空話。遇到這種情況，企業應該積極主動進行調整，轉變自己的營銷思路。比如，從內心尊重大客戶，而不能再像以往那樣當「大爺」；建立專職機構負責大客戶營銷；與大客戶進行合理分工，各盡其職；碰到問題，雙方協商友好解決，等等。

「態度決定一切」，企業在與大客戶打交道過程中，必須注意調整好自己的營銷思路，這是很重要的原則。

四、為了大客戶，拋棄中小客戶

大客戶營銷雖然代表了未來商業流通領域的發展趨勢，但是，一個市場無論發展到那個階段，總離不開少數勢力強大的大客戶和大量的中小客戶。企業重視大客戶無可厚非，而且非常值得，但是，「一切為了大客戶」，拋棄所有中小客戶，這樣的做法是非常不明智的，也是不應該的。

有不少的企業，與大客戶搭上關係、簽訂全年訂銷合約之後，就將傳統的中小客戶置之腦後，甚至找各種藉口「消退」各級中小客戶。有的企業雖然也說重視中小客戶，但那些只是口頭上的承諾，大量的優惠政策和市場支持費用都偏向大客

戶，簡直將大客戶看成是自己惟一的靠山。

殊不知，企業的這種做法很可能會徹底葬送企業的未來。大客戶實力雄厚，有自己的全盤考慮，而且大客戶擁有眾多的企業資源，它絕對不會為了某個企業而改變自己的整體策略，每個企業都只是大客戶手中的一顆「棋子」。企業則不然，一旦企業認定大客戶利益至上，拋棄了其他中小客戶，那等於是將自身身家系於一仞間，所冒的風險實在是太大了。

在大客戶營銷中，企業應該切記：廠商之間沒有永恆的朋友，也沒有永恆的敵人，只有永恆的利益關係！大客戶不會為了一個企業而捨棄其他企業，企業也絕不能為了大客戶而捨棄自己多年來的合作夥伴。惟有充分發揮大客戶與中小客戶各自的優勢，企業才能真正屹立於市場中！

五、有了大客戶，可以放鬆了

某家電企業，以往只有一些區域性的中小客戶，每年銷量大概在 60 萬台左右；前不久，該企業與一知名專業連鎖企業簽訂全年經銷合約，合約簽訂的銷量為 50 萬台，企業一下子就鬆懈下來了，覺得萬事大吉，可以睡個安穩覺了。

其實，企業的這種心理在大客戶營銷中是極為錯誤的。有了大客戶，並不等於說企業就可以放任不管、任由大客戶具體去操作了。

事實上，與大客戶合作，需要企業付出的努力並不會小，甚至比以往和中小客戶打交道付出的努力還要多。企業要想成功實現與大客戶之間的合作，圓滿完成預期目標，必須雙方在

後期的具體操作中精誠合作，密切聯繫，共謀發展。

從企業與大客戶之間的分工來看，需要爲大客戶營銷提供各種「後勤」支援。主要包括：

(1)企業對整個行業、整個市場的研究分析，預測市場未來發展趨勢，對大客戶營銷提供宏觀上的理論支援；

(2)企業與大客戶進行深層次的溝通與交流，就產品全面上市、產品賣點提煉和市場定位進行深入探討；

(3)企業爲大客戶提供暢銷的產品，並保證及時運送到大客戶賣場內；企業對各地銷售人員進行系統的培訓，並要求銷售人員與當地大客戶賣場進行全面的合作；

(4)企業營銷人員參與到大客戶賣場內的實際促銷活動；

(5)企業在第一時間內爲大客戶提供財務發票；

(6)企業與大客戶保持隨時暢通的聯繫，爲大客戶市場需求提供力所能及、到位的其他各項服務；

(7)提供的其他服務措施，等等；

有些企業整體實力還是很弱小，但是一旦進入大客戶連鎖體系之後，就希望借此一步升天、將網路遍佈全國，這是脫離實際狀況的；另外，有些企業雖然與大客戶開始有一定合作關係，但是始終認爲大客戶是「刮企業的油」，沒有誠意與大客戶進行全面的合作。其實，無論是大客戶還是中小客戶，始終還是企業的客戶，企業只需要給予客戶適當的利潤，保障客戶經營風險，相互配合，相互協作，就完全可以取得更好的市場業績。

7

大客戶營銷的缺陷

　　大客戶營銷戰略決定著企業生存發展，是企業取勝的法寶。企業各有自己的經驗，而銷售高手也是守口如瓶，以致新的營銷人員找不到門道。隨著時代發展，競爭的激烈，傳統大客戶營銷存在的缺陷漸漸暴露出來，所以，有必須要對大客戶銷售模式進行創新。

　　傳統大客戶營銷的缺陷主要分以下幾種：

一、認識缺陷

1. 惟關係論

　　許多人認為，大客戶營銷就是靠關係，就是關係營銷，營銷的成功與否，完全取決於關係「過不過硬」。持這種觀點的人忘了關係營銷的最根本的基礎——所提供的產品和服務能夠滿足客戶的需求。大客戶營銷從採購到簽訂合約，從發貨運輸到安裝驗收，從使用指導到售後服務，是一個系統、漫長、多環節、複雜的過程，涉及到企業的各部門，如果某一個環節出了差錯都可能導致交易失敗，因此必須以客戶為中心，保證產品

質量和服務質量。如果產品與服務沒有保障，再好的私人關係和感情，也是徒勞無功的。

2.利益至上論

有人認爲大客戶營銷就一個詞：利益。也許，在大客戶營銷中會出現灰色地帶，但這絕對不是決定性因素。大多數情況下，交易之所以成功，是因爲彼此是可以信賴的朋友。在質量和價格相差不大的情況下，客戶會傾向於購買自己相信的人的產品。

3.價格杠杆論

在大客戶營銷的競爭中，同行業產品競爭加劇，有人會利用把價格降低的方法來促成交易。但這只是一廂情願的想法。在大客戶採購過程中，客戶會從採購風險、採購收益和採購成本三個方面進行權衡，而考慮得最多的是風險。用戶最擔心的問題是產品和服務是否可靠、交貨是否及時及設備的運行費用是否經濟合算。只有在確保產品和服務可靠的前提下，才會涉及成本方面的問題。

4.眼前利益論

不少人在大客戶營銷中視客戶關係如露水夫妻，在不擇手段地完成交易後，即把客戶拋之腦後，既不做回訪，售後服務也一團糟。實際上，在大客戶營銷時，一旦與客戶建立起長期穩定的關係，並爲其提供優質及時的服務，如同爲競爭對手的進入築起很高的門檻，從而爲自己源源不斷的後續產品提供了出路。

5.買賣關係論

不少供應商視與客戶關係爲簡單買賣關係。不作更深入交

流，其實應該是夥伴關係，不斷在技術上創新，與客戶共用資訊和資源，幫助客戶解決生產及銷售上的難題，最大限度地滿足終端消費品用戶的需求，實現雙贏，因爲大客戶的需求最終是消費需求派生的結果，只有消費者的需求量旺盛，大客戶的需求才會旺盛。

6. 品牌無用論

很多人認爲只有人們在購買消費品時才會關注品牌，而大客戶是不會在乎品牌的。事實並非如此。英代爾堪稱這方面的表率。我們都知道，在 PC 機 CPU 市場上，英代爾一直佔據著 80%以上的市場佔有率。英代爾最大和最主要的競爭對手 ADM 公司，即使在技術領先於英代爾的 2000 年，其市場佔有率也沒有達到 20%。英代爾公司的成功就在於其「Intel inside」品牌塑造計劃：任何 PC 機生產商，只要在其廣告上加入英代爾公司認可的「Intel inside」的圖像或標誌，那麼英代爾就會爲其支付 40%的廣告費用(這一比例在美國是 30%)。英代爾公司每年在該項計劃上的花費高達 2.5 億美元。「Intel inside」計劃的成功施行，一方面在最終用戶當中樹立起了強大的品牌形象，成爲用戶公認的大客戶標準；另一方面限制了 PC 機生產商在最終用戶中的品牌影響，使 CPU 成爲消費者的關注對象，而不是電腦的品牌。

7. 企業品牌無關論

有些人認爲只要產品有競爭力就夠了，至於企業形象則是虛幻的東西，其實他們低估了公司形象和產品形象在售前爭取消費者的能力。在大客戶營銷中，經常會發現客戶常常會問是那家公司生產的產品，並花很多心思去瞭解有那些企業生產同

類產品，誰是龍頭企業，誰是信得過的企業，反覆分析論證，慎重選擇。對於大客戶的營銷，企業形象越好，就越容易獲得訂單，慎重選擇企業有必要充分地運用公關手法，在業界及用戶中樹立有實力講信譽的企業形象，如舉行新聞發佈會或研討會、參加有影響力的交流會或展覽會、製造和利用新聞熱點等。

二、在推廣的缺陷

1. 忽略權威人物意見

在客戶協會、大學的學者、專業媒體或記者及大客戶主管部門的官員，往往是業界的權威人物及意見領袖，雖然他們不是位高權重的高官，但他們的評論和意見對客戶的影響至關重大，他們的一句話比你口乾舌燥地說上一萬句還管用。因此開展大客戶營銷活動的第一步就應該是努力和這些關鍵人物建立起信賴的關係。比如，登門拜訪並奉送產品的資料，邀請參觀公司並瞭解公司的實力，親身感受產品質量和功能的可靠性，從而使其產生信任感，在各種場合正面評價企業及企業的產品。如有可能，可以聘請他們當顧問，樹立企業的業界的形象。

2. 沒有目標，四處出擊

很多人往往抱著「寧可錯殺一千，不可漏掉一個」的想法，大大小小的客戶一個不放過，但實際收效甚微。實際上，某個關鍵大客戶往往影響其他大客戶，其一舉一動關乎著整個大客戶的走向，整個市場幾乎都只有他們馬首是瞻。要在這個大客戶上有所作為，他們的態度很關鍵，起著風向標的作用。因此在市場啓動初期，不妨抓大放小，打攻堅佔，一旦攻下幾個戰

略要地，一切盡在掌握之中。

3. 忽略中下層

大客戶營銷參與者是複雜的，如使用部門、採購部門、工程部門、財務部門、技術部門以及高層管理者等，他們都發揮著各自不同的作用且相互制約，你必須一一拜見各方面人物，打通各種各樣的關節，不要存在僥倖心理而試圖走捷徑。如果建不成統一戰線，你的麻煩會接踵而來。記住：即使你確定花大部份精力來搞定高層人物，也千萬不繞過採購部門或其他相關部門，一定要與他們保持合理的接觸。

4. 由業務代表單兵作戰

大客戶採購金額一般都較大，因此客戶相當慎重。大客戶的購買決策參與者(使用者、影響者、決策者、批准者、把關者)，他們有著不同的性格特點和文化背景。因此，大客戶營銷過程中，應採取多兵種協同作戰方式，組織由業務代表、技術人員、設備人員、客戶服務人員、企業高級主管在內的專業顧問團隊，既有分工，又能有合作，有針對性地與相關人員接觸、溝通，共同發現問題並解決問題。這樣就改變了業務代表與採購人員的單線關係而成為多頭關係，穩固了與客戶的關係，提升了用戶滿意度。

5. 不能打持久戰

與客戶不能儘快簽下訂單，往往有各方面的原因，如財務的困難、人事上的變動、對產品的性能存在質疑或者現有合約的約束。因此企業從接觸客戶到成功交易可能需要很長時間，甚至會延續幾年，業務員必須要有打持久戰的決心和信心，不能急於求成。

6.不懂為客戶算帳

大客戶營銷過程至少有兩個群體需要我們說服：一是關心產品性能、質量的部門主管，二是關注投資效益的幕後的高級主管。因此從大客戶的角度來為客戶分析投資報酬率，是十分有力的武器，對達成合作會大有幫助。

7.前期準備不足

很多業務代表往往因準備不足而丟掉了進一步和客戶溝通的機會。由於交易中所涉及的資金數額大且制約因素很多，因此必須儘量從有效管道掌握客戶的資訊，如，客戶急需解決的問題是什麼？這樣才能抓住關鍵矛盾和關鍵人物。另外所準備的資料必須詳盡，如產品的宣傳冊、權威機構的認證、客戶的使用評價資料等。尤其應該準備一份書面建議，主要是從客觀立場來分析客戶面臨的問題及解決的辦法。

8.對客戶不真誠

為了取得訂單，有些業務代表往往誇大產品的特點和服務以吸引客戶，其實這是搬起石頭砸自己的腳。推薦產品的最重要因素就是可信性。在業務過程中講究策略、方法和技巧，是應該的，也是必需的。但業務活動必須遵循誠信的原則，實事求是地介紹產品，實實在在地提供服務。記住：對於大客戶營銷，簽下合約還只是銷售的開始。

9.促銷活動不到位

和消費品營銷一樣，促銷活動是搶佔市場、擴大市場佔有率的關鍵性臨門一腳。如試用、退換貨保證、信用賒銷、租賃、以舊換新、培訓班、互惠購買及贈送等方式，都會對客戶產生影響。

10.放棄競爭對手的用戶

實際上競爭對手的客戶完全可以成為自己產品的推薦者。比如請相關負責人到公司參觀，邀請參加公司主辦的研討會，定期或不定期拜訪等，這樣就會與其建立起良好的關係，使其心甘情願在業界為你做義務宣傳。相反如果未能與競爭對手的客戶保持良好的關係，那他就可能成為你最有殺傷力的負面傳播者。

三、營銷預算上的缺陷

很多企業典型的營銷預算：90%用來尋找新客戶，10%用來保留現有客戶。

絕大多數公司都沒有注重與長期客戶的關係。他們幾乎集中了全部精力和資金用來尋求新的客戶。他們在低價位和介紹費上作出承諾、簽訂獎勵協定，這樣自然要花費大量資金用於市場營銷和廣告宣傳，並由於壞帳而造成虧損。

公司內部的獎勵制度也全部用在如何吸引新客戶方面。最高獎勵經常授給能為公司帶來新客戶的員工，而不給予那些努力使公司內外的忠實客戶保持滿意的員工。那種如果想創造利潤，就必須增加市場佔有率的誤解對公司發展是不利的。這種傳統的營銷方法集中於四個 P，即產品(Product)、價格(Price)、推廣活動(Promotional)和銷售管道(Place)，從而引導出一個錯誤的觀念，即任選一個客戶都是好客戶。

第 五 章

針對大客戶的推銷

1

銷售的實施過程

成功營銷的基本條件是：
- 正確的產品戰略定位　　・合適的產品價格
- 順暢的銷售管道　　　　・優秀的銷售團隊
- 健康的企業形象　　　　・完善的售後服務
- 積極的合作夥伴　　　　・不斷更新的行為意識

　　不管是瞭解採購的流程，分析購買者心理，還是比較購銷之間的差距，我們的目的實際上都是為了銷售能夠順利實施，在做了這麼多準備工作後,我們應該進入銷售的實質性進展了。

　　「一位專業的銷售人員，他的銷售工作是從尋找客戶開始

-108-

的。」

在這裏，我們用了七個步驟來闡述銷售的實施過程。

第一個步驟：接觸客戶

接觸客戶就像戰鬥的遭遇戰一樣，充滿了不可預料的因素。雙方從互不相識到相互信任再到發生業務交易，這是一個奇妙的變化過程。

在接觸客戶時注意基本原則：

・表態明確，避免誤解和費解
・重點突出，防止面面俱到
・問題深刻，贏得對方尊重和信賴
・親切真誠，切忌出語傷人

在一般情況下，下面的 4 種方法是接觸客戶初期最常用的手段：

・電話聯繫客戶
・直接拜訪客戶
・宣傳信函聯繫客戶
・電子郵件聯繫客戶

但是不管是什麼方法接觸到客戶，到最後絕大多數情況都需要面見客戶。

在初期接觸客戶時，方法是多種多樣的，但是有一個原則，一定要注意「樹立形象」。

這裏所謂要樹立的形象包括了個人良好的感官形象、個人的信任度形象、公司的整體市場形象、產品的可信度形象。在接觸客戶時，能否很快打動客戶是一個關鍵，一個優秀的銷售人員之所以優秀，就在於能夠在與客戶見面的初期就打動對

方，獲得對方的信任。

在這個階段，銷售人員的主要工作是向對方介紹自己和自己公司，使雙方有一個互相的瞭解，爲下步工作做準備。這階段工作很可能購銷雙方並沒有見面，還只是通過電話、郵件在聯繫，甚至是客戶只看到宣傳品。但是這些已經足以給對方形成第一印象。

第二個步驟：介紹產品

銷售人員要掌握好適當的時機，用能夠引起客戶注意以及興趣的開場白進入銷售主題開始介紹產品。

在這個階段工作注意的基本原則：

· 介紹的內容必須與目標購買者有密切的利害關係。

· 介紹的產品性能必須高度概括、簡潔明瞭

· 介紹的語言必須有新意

· 介紹的產品功能必須能刺激對方購買慾望

· 介紹產品的性能必須有理有據

在這個階段，一般購銷雙方已經開始面對面接觸，這時有兩個重點工作。首先是開場白，開場的幾句話一定要吸引對方注意力，讓對方產生強烈的繼續往下聽的興趣。

1.寒暄式的開場白

這種開場白應該友好而簡短，儘量用自身形象和微笑去創造一種友好的氣氛，同時注意觀察客戶。這個時候客戶很可能已經開始顯示購買的誠意了。如果對方有興趣，就會表現出積極的往下繼續的傾向。如果客戶購買的興趣不大，那麼就會表現出非常消極的態度，可能不太在意你說什麼，甚至不聽你在說些什麼。

在拜訪客戶的時候，銷售人員應該注意客戶三種購買傾向的出現：

積極的購買傾向：客戶積極的傾向於購買。急切的希望瞭解交易的細節。這個時候，銷售人員應該抓住機會推進，而不是環顧左右而言它。

中性的購買傾向：客戶對待購買的態度沒有明顯的表達，這是銷售人員繼續和客戶交流，主要在客戶的需求上多溝通。爭取打動客戶，繼續開展下一步銷售。

消極的購買傾向：客戶根本就對產品不感興趣，在這種情況下，他們不可能做出使任何購買的決定，那麼銷售人員應該在客戶可以容忍的時間內把客戶至少引至中性區域，至少留下再見面的可能，否則就失去銷售機會了。

銷售人員初次會見客戶時，客戶更多的狀態都是在中性購買傾向和消極購買傾向之間，對於銷售人員而言最需要解決的問題是怎樣把客戶從消極的區域引領到中性區域，並且使客戶做好購買的心理準備。許多營銷專家認為包括寒暄在內，銷售人員只有25秒鐘不到的時間去贏得客戶的興趣。當然對於消極和冷漠的購買態度的客戶加緊催逼也是無濟於事的。

2. 提問式的開場白

怎樣在開場白就引起客戶的興趣是我們在進行銷售時首先遇到的問題。要引起客戶的興起，銷售人員應設法吊起客戶的胃口，把客戶的好奇感挖掘出來。

所謂提問式的開場白就是在利用問題引發客戶對產品或相關領域的興趣，然後展開介紹和宣傳。對於銷售來說怎樣用問題來激起客店的興趣呢？

例子：

- 你知道我們這個行業已開發出了一樣新產品了落嗎？
- 貴公司是否對一種能降低成本的生產工藝感興趣？
- 貴公司已經解決了某種某技術問題嗎？

為激發起客戶的興起的提問無需太具體的回答。因為提問只是為了引起話題，作產品的介紹才是最主要的目的，如果提問引發太詳細的話題對銷售產品是不利的，因為我們尚未瞭解客戶的需求所在。

銷售人員在準備提問題目的時候，要遵循下述原則：

- 粗線條問題，不涉及具體事件。
- 不涉及自己產品，但涉及所在行業。
- 提問或說話留有餘地，保持彈性。
- 在準備這些提問題的時候一定做到精心挑選。

3. 抓住適當的時機

客戶在聽到這些提問的時候，就已開始準備聽你的詳細介紹了。但是需要你細心發現客戶是最適當的時機。

有一些跡象是銷售人員應該注意的：

- 「您這次來，主要有什麼事？」
- 開始詳細翻看產品的書面介紹或彩頁
- 開始打斷開場白談話內容
- 表示時間緊湊，要求進入談話正題

第三個步驟：再次詢問，需求證實

再次詢問的目的是掌握客戶目前的現況，並且一定要證實客戶的需求是什麼，與原來自己的設想有多大的差別。成功的一次詢問能夠引導您朝正確的方向進行銷售的工作。同時，銷

售人員通過詢問能找到更多的資料，明確客戶的詳細需求。

在這個階段的工作，銷售人員要分析潛在的客戶到底有什麼樣的需求，需求背後的急性要求是什麼，有沒有採購計劃，是不是準備發標，對供應商有沒有特別的要求，是不是已經有候選名單，採購的主要負責人都有那些等。銷售人員只要在確切瞭解了客戶的需求後，才能給出令客戶滿意的建議和計劃。

這一過程的工作是進行有效的問詢和傾聽。

銷售人員對客戶主要是進行開放式的提問。

開放式提問一般分為兩大類：

1. **發現客戶需要解決的問題**

2. **收集有價值的需求資訊**

在經過提問後，銷售人員就可以瞭解客戶對採購的一些看法和感覺了。銷售人員的提問內容可以包括擴展計劃、未來的需求量等。

銷售人員的工作方法：「觀察」+「提問」+「傾聽」，發掘客戶需要。

進行的問詢和傾聽有利於創造一種輕鬆、非正式的討論氛圍，從而使資訊的收集變得極為可能。

還有一個問題值得引起銷售人員的重視，就是有經驗的銷售人員應該控制局面，要盡可能的讓客戶多介紹，不要自己講話太多。客戶的參與程度越高，銷售人員就越可能瞭解和針對客戶的需要行事，銷售方越能針對購買方的需要行事，就越能在雙方間建立信用和信任，雙方間越有信用和信任，銷售方就越能控制局勢，就越可能在這次訪問中實現銷售的目標，所以這個階段的最主要工作是「發現客戶的真正需求」。

如果面對的是一位寡言少語的客戶，銷售人員應該儘量以親切的話語摸清客戶心情，然後耐心講述關鍵問題，要注意不時詢問對方工作與生活處境，緩解緊張感。銷售人員要抓住客戶隻言片語和舉止，加以引申和稱讚，並且要多以真誠的態度徵求客戶意見。這樣才能發現這類客戶的需求。與之相對的是另一類口若懸河的客戶，銷售人員在對待這類客戶時要注意首先應該讓客戶盡情發揮，這時候銷售人員要全神貫注地傾聽，抓住時機去引導客戶，然後再反覆闡述觀點，讓其印象深刻。還有一類是牢騷滿腹的客戶，處理這類客戶應該儘量避開客戶怨恨的話題，主要精力放在注意傾聽客戶的傾述上，既要隨聲附和，又要巧妙引導，同時要抓住時機陳述合作帶來的利益，沖淡客戶怨氣。在對方開始平靜時儘快轉入正題，闡明觀點。

第四個步驟：產品的詳細介紹

在這個步驟中，銷售人員應該注意以下要點：

1. 要明顯區分產品特性、優點、特殊作用；

2. 逐漸將產品的特點與客戶需求重合；

3. 在進行產品説明時要注意技巧。

銷售人員應該在銷售過程中時刻關心客戶的需求。

「人們不是買我們的產品或服務，人們是和那些他們認為能夠理解他們需求的人購買需求的滿足和解決問題的方法。」

「我們並非出售我們的產品或服務，我們是出售由我們的產品或服務所帶來的利益，並且這些利益能滿足客戶的需求。」

在向客戶介紹產品時注意以下要點：

1. 介紹的語言要簡短扼要

銷售人員要盡可能清楚、簡潔地闡述產品的特性。不要過

多的使用一些行業術語或專業用語，因爲對方很可能並不懂專業，對於他們來說則是毫無意義的。

　　購買者並不總是像銷售方那樣熟悉那些行業的術語，而且客戶即使是沒有聽懂這些專業用語也不會明確表示，這容易給銷售人員造成錯覺而繼續使用行業術語。這時銷售人員所面臨的一個危險是：人們是不會購買他們所不瞭解的產品的。銷售人員應該根據對方的情況和身份來決定是否使用這些術語。

　　2.**大量運用視覺材料**

　　銷售人員運用視覺材料有助於銷售時直觀地展示產品和服務。

　　可以運用的材料有：圖冊、插頁、電腦演示、產品樣品、光碟錄影。

　　但是運用視覺材料時，銷售人員一定配以詳盡的說明，在賣點展現時要提醒客戶。另外如果有一定的演示或樣品試用，那麼銷售人員一定要熟練掌握，不要在客戶面前出現生疏感，以免客戶對銷售人員產生不信任。

　　3.**展現出成功案例**

　　所謂成功的案例就是已經達成銷售的客戶的例子，向客戶介紹那些作爲第三方已經成功的使用產品而滿足了需求的例子，能使銷售人員所做的介紹更加生動還能幫助客戶形象的瞭解產品或服務所能給他們帶來的好處。另外也可有助於銷售方樹立信譽。在介紹一個第三方的例子時，我們直接用第三方的真實名稱來舉例說明他們那些與客戶相同的需求已通過我們的產品或服務得到滿足。

　　在舉例時要注意，如使用具體的公司或個人名稱的話，每

次都應告訴客戶這樣舉例是得到允許才援引該例子的,如果銷售人員不這樣做,客戶就會確信銷售人員會把每個人的事情告訴任何人。沒有人是會願意與一個不尊重原本屬於他人專享資訊的人做生意的。因此在沒有得到允許前千萬不要引用任何具體第三者的例子。這樣當銷售人員在使用這一銷售的強力工具時就可極大地降低可能遭遇到的風險。

第五個步驟:購買信號到購買承諾

銷售人員在把產品的各項要點介紹完後,就必須花些時間去確認客戶是否贊同我們的介紹。這種反饋告訴我們該客戶是否有購買慾望了,是否對產品或服務能夠解決他的問題或滿足他的需要抱有信心。沒有這種反饋,銷售人員就會發現我們所要解決的問題並不是客戶所最關心的。

此時銷售人員應該用封閉式的問題提問,比如:

「您覺得我們的產品能解決貴公司的問題嗎?」

「您看我的介紹讓您滿意了嗎?」

客戶對你表示贊同的話表明對方已經發出了購買承諾,這個時候銷售人員應該及時表明希望給出時間爲客戶做詳細計劃的態度,然後根據客戶的意見,約定一個再見面或商談的時間。

客戶的購買承諾很多時候是不明確表現的,但是有一些信號值得銷售人員注意。

1. 語言的信號

• 「多少錢?」

• 「供貨期怎麼樣?」

• 「它被用在……」

• 「我們比較感興趣……」

2. **身體的信號**

購買人信號有時是非語言和很微妙的。請注意觀察看客戶是否：

- 突然放鬆姿勢
- 徵求旁邊人的意見
- 再次伸手觸摸產品或拿起產品說明書。
- 表情開始鬆弛，逐漸淡出主題

3. **發出各種邀請**

- 「留下來吃頓便飯好嗎？」
- 「有機會我帶你參觀……」

4. **談及個人的問題**

- 「你今天的介紹我很滿意……」
- 「你工作多長時間了？」

銷售人員要密切注意你的客戶所說的和所做的一切，有的銷售人員太過健談，往往忽視了客戶的購買信號。當銷售人員認為自己已經聽到或看到了購買信號了，就應該開始準備下步工作了。

在很多大客戶的採購體系中，這個階段的主要工作是發標，將採購要求標書公佈給供應商，供應商開始為投標作準備。

第六個步驟：制定出銷售方案（標書）

銷售方案從某種角度來說是另一位銷售員。銷售人員千萬不能忽視它的重要性，特別是銷售技術含量很高的複雜產品。

每個行業的標書都有自己的特點和要求，但是標書製作有幾個原則要注意：

1.招標書的撰寫

正規的招標書中應包括以下幾個方面的內容：

⑴招標邀請書

應包括招標單位及簡介、招標編號、招標書的取得(如需購買，則標明價格)、是否有招標說明會、何時何地詢標、投標、開標、講標、評標及中標事宜、招標委員會的聯繫地址、聯繫人及聯繫方法等；

⑵招標項目情況

應包括：項目背景、項目要求(如果有多期目標，在此處要標明)、具體需求描述(針對具體的項目要求，詳細描述所要達到的標準)、是否有初步設想的解決方案(此部份是引導投標方按照招標方一定的思路和系統要求完成投標方案，以免出現方向性的偏差)、技術規範或具體技術方面的資料要求或設備配置；

⑶投標方須知

包括項目總則(對項目範圍及投標人的資格進行說明)、招標書的具體說明、投標書如何擬定、投標書如何投遞、投標及評標的過程及如果中標後合約簽訂的流程等；

⑷投標資料

應包括正式投標書、投標書一覽表、投標價格、投標設備具體方案、資格證明、投標方組織結構及財務情況、設備供應商情況、中標後參與人員介紹、投標方已完成相關項目的介紹、是否有訴訟記錄等；

⑸中標合約標準文本

標書編號：

招標文件

招標人：

(蓋章)　　年　　月

第一節　投標邀請書

投標邀請書

致＿＿＿＿＿＿(投標人名稱)　＿＿＿＿＿＿(日期)

＿＿＿＿＿＿＿＿＿＿＿＿＿＿＿＿＿＿＿＿＿＿(地址)

　　敬啟者：我們通知您，你們通過了某工程投標人資格預審。

　　我們正式邀請你們與其他資審合格的投標人，為實施並完成此工程遞交密封的投標檔。

　　請於＿＿＿年＿＿月＿＿日到＿＿＿年＿＿＿月＿＿日按下述地址到招標辦公室取得招標檔，並獲取進一步的資訊。

　　交納＿＿＿＿＿元購買一套完整的招標檔夾，此費用不可退還。

　　＿＿＿＿＿年＿＿月＿＿＿日，招標人將舉行開標儀式，並進行講標，投標人應派代表參加，並針對方案內容做現場講解，如需投影等設備，可提前同教育網路中心聯繫。

　　開標位址我們將在投標人遞送標書時進行通知。

　　請以書面形式或傳真立即確認已收到此函。如果您不準備參與投標，亦請儘快通知我們。

　　我們的聯繫方式：

　　電話：

　　傳真：

　　聯繫人：

第二節：投標人須知

條款內容

A、總則

1.合格的投標人

2.投標範圍

3.合格工程設備和服務

4.主設備供應商承諾

5.方案投標

6.投標費用

7.現場考察

B、招標文件

8.招標檔的內容招標檔的澄清

9.招示文件的澄清

10.招標檔的修改

C、投標書的邀請

11.組成投標書的檔

12.投標價格

13.投標有效期

14.投標書的形式和簽署

D、投標書的遞交

15.投標書的密封與標誌

16.投標截止日期

17.遲到的投標書

18.投標書的修改、替代與撤回

E、開標與評標

19.開標

20.過程保密

21.投標書的邀請

22.投標書的檢查與回應性的確定

23.錯誤的修正

F、合約授予

24.授標

25.招標人接受任何投標和拒絕任何或所有投標的權力

26.中標通知書

27.合約協議書的簽署

28.履約保證金

29.爭端的解決

30.腐敗和欺詐行為

2.投標書

投標書應包括正式投標書、投標書一覽表、投標價格、投標設備具體方案、資格證明、投標方組織結構及財務情況、設備供應商情況、中標後參與人員介紹、投標方已完成相關項目的介紹、是否有訴訟記錄等。

做好投標工作的原則如下：

⑴投標前要進行可行性分析

對於招標方提供的資訊，投標方企業要嚴格的篩選並對其進行投標可行性研究，可行性研究應從投標承包條件、投標主觀條件、投標競爭形勢、投標風險等方面來進行。在可行性研究中，還要注意：一是研究本企業進行項目實施的可能性，二是考慮一次性投標要支出可能的費用，以及是否有足夠的技術力量可以投入。在進行以上考慮後投標方才能做出投標決定。

⑵投標前要詳細收集資料

進行投標及多方面的技術和經濟問題,所以必須做好調查研究與資料的收集和分析工作。

投標方應該認真研究招標檔,對於招標方提出的「投標須知」及其相關內容如對圖紙和報價單的要求與說明,所用技術規範與標準,投標保證金的金額與承包時間等都應該詳細分析,然後應該調查掌握瞭解當地及國際市場行情價格的變動,運輸費用和稅率變動情況等相關資訊。最後還要收集各國承包商的報價和投標情報。

⑶慎重報價

投標方要認真研究招標項目,結合各種綜合因素進行報價。

投標方要先對投標項目根據行情和自身內部估算確立總價,在總價基石確定後,調整內部各個項目的報價,以期既不提高總價,不影響中標,又能在結算時得到更理想的經濟效益,根據投標經驗確定投標價。同時也可以在主報價的基礎上,提供選擇性報價。

⑷重視標前會議

招標方一般會安排前會議針對招標文件中出現的差異和不清楚的地方,回答投標人提出的問題。對於投標人來說這樣的會議應積極參加,利用這個機會獲得必要的資訊。投標在標前會議提出問題時應注意對合約和技術文件中不清楚的問題提出說明,但不要表示或提出改變合約和修改設計的要求;投標方提出問題時應注意防止其他投標人從中瞭解到本公司的投標機密。

⑸投標書的最後製作

在向招標方投遞投標書之前，除了仔細檢查投標書內容是否完備，不要重視印刷裝幀質量，要從整體上給招標方工作認真、作風嚴謹的感覺。在標書的遞送上最好委派專人負責進行。

第七個步驟：達成銷售

與客戶簽約達成銷售，是銷售過程中最重要的步驟。

銷售人員應該掌握各種拿下定單的技巧，也叫拍板技巧。既然銷售人員已與客戶已經有了很好的溝通，客戶也認為銷售人員所提供的產品及銷售方案能夠滿足需求，並且銷售人員也明確得到了客戶購買承諾，就不失時機地採用各種辦法拍板成交，獲取訂單。

下面是一些經常使用的拍板技巧：

⑴表態法

銷售人員直接向客戶表明銷售的態度，希望簽約。如果客戶願意簽約也是會明確表態的，即便是有問題，客戶也會提出告知銷售人員。

⑵跳步法

銷售人員直接以關於銷售發生後的後續服務問題，來徵求客戶的意見。

⑶總結法

銷售人員將一系列的工作進行總結，對客戶的支援表示感謝。然後銷售人員詢問客戶銷售合約什麼時候簽署。

⑷催促法

銷售人員以工作進程和工作流程為藉口，直接要求客戶在什麼時間之間簽署購買合約。

⑸ 借力法

銷售人員以產品市場調價或其他客戶將要購買會導致供應不及等理由促使客戶加緊簽約。

2

銷售人員的類型

銷售人員的類型分類有很多種，大家可能經常看到的是獵手型、夥伴型、顧問型三種分法，其實這裏面獵手型和夥伴型都是屬於正在成長中的銷售人員的一個風格階段，而顧問型則是真正意義上成熟的銷售人員的類型。我們將業務能力處於上升期的，還不具備自我風格的銷售從業人員統稱為成長型銷售人員。

成長型銷售人員其行為特徵表現為：通過一定的經驗積累能發現銷售中存在的困難，同時馬上提供產品特徵給予解決。

顧問式銷售人員的行為特徵表現為：能將客戶的隱性需求轉化為明顯性需求，給客戶建立優先順序，同時根據購買循環不斷引導客戶去決策以及回覆到銷售的原始點。

1. 成長型銷售人員與顧問型銷售人員的主要行為區別

成長型銷售人員與顧客型銷售人員的主要區別在於——顧問型銷售人員除了瞭解與客戶提出的明顯性需求外，還會去瞭

解客戶的隱性需求，以及真正能解決這些需求的手段是什麼。

　　當客戶在銷售人員面前陳述他的問題的時候，銷售人員就有可能找到問題，發現需求，如果客戶的現實狀況和銷售代表假設的狀況正好重合。那麼銷售的成功率開始加大了。對於一般產品的銷售來說，它是非常有效的，尤其是那些低價值的產品。這就是為什麼市場上存在 90%的或者更高比例的成長型銷售人員，卻很難找到非常專業的顧問型銷售人員的原因。

　　但是在大客戶銷售領域，這類客戶的現實狀況和銷售代表假設的狀況正好重合的情況並不多，主要是因為大客戶銷售的難度和需求複雜度太大。在這種情況下，顧問型的銷售人員就顯得格外緊缺。

2. 顧問型銷售人員的工作方式

　　既然顧問型銷售人員是銷售從業人員的目標，那麼我們就要清楚顧問型銷售人員的工作方式是什麼？

　　顧問型銷售人員做的首要工作就是為客戶分析現狀和明確現狀。顧問型銷售人員把客戶的一系列問題當做自己的銷售問題來分析，一定要得到客戶完全滿意或認同的分析結果才算結束。

　　如果僅僅完成了發現問題點、瞭解客戶的需求及幫助客戶分析了現狀，銷售的成交率只能達到 30%。這是研究機構通過35000 個顧問式銷售案例得來的一個相對科學的統計；顧問型銷售人員一般會在這個時候繼續幫助客戶確認問題，並且讓客戶明確地表態來支持銷售人員的觀點，這樣成交率就會提升，能達到 70%或者更高。所以，顧問型銷售人員將客戶的隱性需求轉化為明顯性需求，對於真正掌握銷售的機會點有很重要的

意義。

所謂「顧問型銷售人員」，我們舉 B 銷售員爲例。

A 和 B 都是一個二手車車行的銷售人員，但是他們的類型完全不同，做事方法也不同。

一天下午突然來了兩個女士，這個說車行的車不好看，價格太貴了；那個說二手車引擎又不好，把車行批評得一無是處。

A 對於這兩位客戶的處理方式是陪同他們瞭解，對她們的不滿做一一解釋，最後歡迎她們下次光臨，然後很有禮貌地送走他們。

B 的處理方式是這樣的：他對兩位客人說：「這樣好了，既然你們不喜歡我們車行的車子，那你們到底喜歡什麼車子，我開我們車行的示範車帶你們去買你要的車子，只要你喜歡那個車型，我坐下來幫你們談判，因為我知道它有多少利潤空間，這樣好不好？」看了 2 個小時，那兩個女士回來說我們決定買你們車行的車子！ A 驚訝地問兩位客戶：「你們不是說我們的車子不太好嗎？」她們說：「你們的車子真的是不太好，但是 B 的服務是不錯的！而且替我們著想，我們很滿意。」

A 和 B 兩種截然不同的銷售方式和對客戶的態度正是表現了成長型銷售人員和顧問式銷售人員的不同。

3.怎樣做個顧問型銷售人員

談了這麼多關於顧問型銷售人員的特徵，那麼怎麼做個顧問型銷售人員呢？

找準問題點是一個顧問型銷售人員要明確的第一個概念。

一般來說，在和客戶會談的過程中，客戶很難直接告訴你，他存在什麼樣的問題，即使他願意告訴，但也不知道如何

來表述。所以顧問型銷售人員要幫助客戶找到問題點。

「問題點」包括以下三個關鍵點：

(1)購買方解決方案和銷售產品之間的關係

(2)銷售人員和客戶關係

(3)真實需求和表面需求的關係

通過對以上 3 點的探究，如果能解決這些關係問題，那麼就會發現客戶的問題點、瞭解客戶的真實情況、引導和理解客戶的現實，提供其解決方案的過程，最終產生定單，引發起銷售。這和一般的銷售僅僅通過表面現象去發現問題點，或者僅僅通過一個問題點就進行強行的推銷有本質的區別，當然也會產生絕對不同的效果。

對想成為顧問型銷售人員的人而言，必須能夠判別隱性需求和明顯性需求，並且要學會將隱性需求挖掘出來，再將其上升到顯性需求。

但是要注意當客戶沒有完全陳述明顯性的願望、行動、企業之前，顧問式銷售人員不能直接說明產品的定度。如果那樣做了，有可能會對銷售起反作用，因為客戶並沒明顯表態要採購某個設備，那樣的做法只會讓客戶感覺到你是在向他推銷產品，而不是做顧問在解決他的需求。

在銷售過程中，經常會遇到這樣的情況，那就是當發現了客戶的問題點，同時客戶也針對這個問題點和你做了比較深入的討論並且提出很多抱怨和不滿的時候，銷售人員因為興奮就提出了幾種解決方案，面對這些解決方案，客戶馬上提出一到兩個讓你無法解決的反論。所謂反論就是客戶對銷售代表提出的解決方案的異議，成為一名顧問型銷售人員也必須對這種反

論有充分的理由和臨時應變力。其實，對於這些反論，銷售人員可以通過將隱性需求引導到明顯性需求的方式，而不是通過一種簡單的陳述來解決。

3

開展行動前的分析

推銷的目的是要把你的方案(包括你的產品或服務)賣出去，以增加你的業務利益，達成客戶的業務目標。然而，在你提出方案以前，你必須先瞭解客戶所希望改善的地方和需求。你可以用下列方面來研究客戶的需求。

1.瞭解客戶的行業、特色，替客戶解決問題

瞭解客戶的業務以及你的產品或服務可能對其業務的影響，將可大大增加你推銷成功的機會。如果你能讓客戶覺得你的確瞭解他的業務問題，客戶自然會注意你的產品。一旦客戶視你為能替他解決問題的人，你的推銷工作將大大省事了。

此外，瞭解客戶的業務，你才正確估計你的方案將在這類業務上花費多少成本、創造多少利益，這些利益要付多少稅金等等。事實上你的方案影響著這些事情，而客戶在決定要不要向你購買的時候，所考慮的也正是這些事情。

因此，要推銷方案之前，你起碼應瞭解行業的以下資訊：

- 歷史；
- 標；
- 問題和重點；
- 組織結構；
- 政府規章；
- 行業術語。

行業資訊來源

- 專門性組織與工會；
- 專業刊物；
- 商展；
- 研討會；

客戶的資料來源

- 年度報告；
- 客戶內部刊物；
- 公司組織圖；
- 私人聯繫；
- 來自你自己的公司資料。

2.**充分認知經營者的公開信**

公司給股東的年度報告書中，包括該公司的財務狀況及一般狀況，假如該公司是非上市公司，沒有年度報告，你只有依賴行業資料來判斷了。

公司年度報告書都以經營者致股東的公開信開始，這封信通常是由董事長和總經理執筆的，在拜訪該公司之前，這封信一定要先讀，在公開信中，經常討論的主題是：

該年度的經營狀況

在公開信中，經常以回顧過去，展望未來，來強調公司發展的光明面。從中，你可以獲知該公司未來發展的公司。

問題的檢討

公司遭遇的問題，一定會提出討論，並會指出如何彌補與糾正之道。

目標確定

公司未來發展的方向與期望未來達成的目標，將會清楚地指出。

這封公開信中，通常都會把公司和策略宣佈出來，假如你能針對該公司的策略提出協助方案的話，你的推銷成績將會令人刮目相看。

大吉公司的年度報告是虛擬的，對經營者的公開信的分析將有助於你以後研究大客戶的推銷戰略及他們的成本評估，希望讀者能夠收藏此案例。

◎案例

大吉公司董事長致股東的公開信

大吉公司又一度創下了銷售與淨利的記錄，今年年度的利潤率較去年上升 19.3%，銷售額增加 9%。最重要的，明年度的業績將較今年度更高。

在過去的幾年中，本公司的用於工業界提高生產力、防止公害及節省能源。在來年，我們深信這種需要還要更殷切。

重視研究發展，使我們在防止公害及節約能源上有了嶄新

的方法。企業經營並無常規可循。不過，在財務、技術、成長、資金及勞工、產品壽命及利潤上，本公司的目標明確，條件優越，對於市場能充分掌握。

大吉公司有堅強的財務能力及豐富的人力資源來應付這千變萬化的環境，本公司的財務足以提供未來發展的足夠營運資金，在人力資源方面，已經有了妥善的安排。

下述的經營目標，是核實企業能否順利獲取資金、市場有利支援的先決條件。

- 每股股利以複利率成長至少要兩倍於 GNP 成長率，此種真實成長率調整通貨膨脹之數字。
- 在外匯調整之後，每股股利不至於下降。
- 淨值報酬率增至 15%/

下列的數字是過去五年來公司目標達成的歷史：

- 真實國民生產毛額成長率為 2%，本公司之真實每股股利增長率，在未調整外匯變動前為 7.9%，調整後為 7.1‰。
- 每股股利不降低，至少也維持過去的水準。
- 本年度的淨值報酬率為 12.5%，但未來趨勢看好，每年度將以 9.3%增長。
- 資產負債狀況良好。

本年度的銷售及盈餘均創下新記錄，資產設備深具生產性，存貨狀況也已經改善。資本支出為兩億七千萬元，較去年的兩億三千九百萬元高出三千一百萬元之多。

大吉公司的分析樣本

A　過去的成就：大吉公司五年來的成就如何？信中說明了那些成就？

由這封信看來，大吉公司去年創下了銷售額和淨利的兩大記錄，它的利潤增加了 19.3%，資產設備深具生產性，資本支出創下了最高記錄。由這封信看來，他們的銷售方法、現金支出概況、人才供給、股東紅利、研究發展、經營管理、市場知識的吸收等，都處於很好的狀況。

B　遇到的問題：信中提到那些問題？

由於該公司目前處於積極發展的好景之中，他們面臨的問題似乎不多，然而由信中我們還是可以看出他們面臨著存貨週轉率、應收帳款及淨值報酬等問題。

C　目標：信中提到那些目標與計劃？

根據我們的判斷，被提到的目標包括股利至少要達到國民生產毛利(GNP)成長率的兩倍；股利只能增加不能減少以及必須維持收支平衡、穩定。至於未來，將繼續增加銷售、發掘人才，在研究發展上投資等。由於現金收支能力強，該公司也許會發掘新的產品。簡而言之，該公司是處於積極成長的狀況。

這封公開信的意義何在？

這封信表明了一個重要的推銷機會，如果你的產品或服務能替公司解決下列三個問題的話，你的推銷更有成功的可能：

· 任何能增進淨值報酬率的；

· 能加速存貨週轉的；

· 能減少應收帳款的。

更進一步來說，由於大吉公司有很強的現金能力，更是大大增加你推銷成功的機會。

大吉公司的年度報告

除了大吉公司的公開信以外，還有該公司的年度報告，相

信也會向你提供一些有價值的消息的。

- 分支機搆的簡短說明。例如產品線的狀況、去年的收入情況、財務情況以及與總公司之間的關係等；
- 去年的主要發展狀況；
- 未來計劃；
- 過去五年來的活動。

　　不管是給股東的公開信或這裏所說的年度報告，都是提供你推銷機會的重要來源。你應該記住的是，由於它們是要給股東看的，通常會被盡可能樂觀地寫出來。然而，你加以仔細剖析的話，它們往往也提供了不少內幕消息。

心得欄

- -
- -
- -
- -
- -
- -

4

大客戶計劃示範

　　大客戶計劃並沒有什麼固定樣本，因此下面列舉的具體內容和模型不是必須有的，你需要選擇適合自身環境的內容。

一、第一部份——摘要

　　計劃包括四個部份：摘要、行動、分析、資訊。
中長期方向：

- 機會；
- 目標；
- 人員；
- 方案；
- 重要項目；
- 所需資源(可能還包括高層管理者爲獲得資源所要求的任務行動)；
- 實施時間表。

二、第二部份——行動

1. 機會與目標
- 企業：銷售額、市場佔有率、利潤、盈利能力、終身價值等；
- 關係：大客戶管理關係模型；
- 供應商地位：供應商定位模型、客戶的經銷商評級；
- 和客戶的企業戰略相匹配：安索夫的風險、產品生命週期模型，波特的競爭優勢理論，魏斯瑪的價值驅動力模型；
- 內部運營：成功的重要要素和活動，組織與結構、技能、系統、資源。

2. 人員
- 接觸矩陣：客戶決策方式與流程、決策組；
- 小組：目標、角色、責任、工作計劃。

3. 方案
- 客戶的全面商務體驗；
- 價值鏈分析。

4. 項目及活動
- 目標；
- 項目組；
- 行動方案；
- 階段性標誌；
- 衡量標準。

三、第三部份——分析

第二部份是計劃的實質內容，下面的內容是對計劃的解釋。如果大客戶小組得到授權，那麼這部份內容實際上只能作爲一種參考，而不能作爲第二部份提出行動的證據、證明或合理化依據。

有些情況下，第二部份中以下內容更重要：行動(例如，目前沒有市場細分戰略，或者沒有衡量客戶盈利能力的現成方法)。

同樣還是第二部份的內容——行動——要比第二部份的分析內容更重要(例如，早已制定了識別客戶戰略的方法，對銷售方案的主要信任就在於是否匹配)。

換句話說，你管理客戶的時間長短在很大程度上決定了你要分析什麼，你要做什麼。

1. **市場細分**

2. **大客戶識別與選擇流程**

• 客戶突然離開原因分析；

　為什麼是大客戶？

3. **客戶盈利能力分析**

• 終身價值分析。

4. **管理未來**

• 內部障礙——資源分析；

• 評估機會——「市場鏈與機會螺旋線」。

5. **競爭地位**

• 波特的分析模型；

• SNAP 分析；

• 自身的脆弱性及防護措施；

• 競爭對手的脆弱性及相應採取的手段。

6. **市場鏈中的競爭優勢來源**

7. **客戶的採購戰略**

• 供應鏈管理；

• 採購部門；

• 供應商定位模型。

8. **客戶決策流程**

• 決策組分析。

9. **價值鏈分析**

10. **積極影響分析與篩選**

11. **方案分析**

12. **貝爾本小組角色理論**

13. **大客戶管理審查**

四、第四部份——資訊

這部份資訊應該作為計劃的附件單獨提供。如果能保證不把計劃變成既笨重又難以更新的官僚作風的檔，那麼將這些內容融入第二部份行動內容和第三部份分析內容中也是可以的。

1. **地址**

2. **客戶組織結構圖和聯絡人簡介**

3. **客戶戰略與市場活動**

4. **客戶業績**

・銷售額；

・增長速度、市場佔有率等；

・財務狀況；

・盈利能力。

5. **本企業銷售業績**

・歷史業績；

・現在業績；

・預測。

6. **本企業盈利能力**

・歷史業績；

・現在業績；

・預測。

7. **與客戶業務往來**

・業務佔有率；

・經銷商評級。

8. **競爭對手概況**

9. **現有項目及項目組**

制定這樣一個計劃，大客戶小組就可以很好地採取行動並監督進度。做這一切最需要的是足夠的精力和決心，需要所有成功的商務活動所需要的那種幹勁，還需要一點點運氣。

5

如何運用數據庫來分析出大客戶

1. 從數據庫能挖到什麼

在 CRM(客戶關係管理)中，資料挖掘是從大量的有關客戶的資料中挖掘出隱含的、先前未知的、對企業決策有潛在價值的知識和規則。

客戶特徵：資料挖掘的第一步就是挖出顧客的特徵描述。企業在瞭解客戶資訊方面是永不滿足的，他們不僅會想方設法瞭解顧客的地址、年齡、性別、收入、職業、教育程度等基本資訊，對婚姻、配偶、家庭狀況、疾病、愛好等等的收集也不遺餘力。也由於這個原因，在談到 CRM 的時候，個人隱私便成為一個敏感話題。

「黃金客戶」：通過客戶行為分析，歸類出消費額最高、最為穩定的客戶群，確定為「黃金客戶」。針對不同的客戶檔次，確定相應的營銷投入。對於「黃金客戶」，往往還需要制定個性化營銷策略，以求留住高利潤客戶。所以，不要期待在 CRM 時代繼續人人平等。當然，成功的 CRM 不會讓顧客感覺到歧視。如果你不幸發現自己受到的待遇比別人低，很有可能別人是「黃金級」，而你是「白銀級」或者「黑鐵級」。

透過與客戶接觸，收集大量客戶消費行爲資訊得出客戶最關注的方面，從而有針對性地進行營銷活動，把錢花在「點」上。同樣的廣告內容，根據客戶不同的行爲習慣，有的人會接到電話，有的人就可能收到信函；同一個企業，會給他們的客戶發送不同的資訊，而這些資訊往往就是顧客感興趣的方面。不要驚訝於爲什麼企業給你送來的正是你最需要的、最滿意的，你和其他與你相似的顧客的資料，在企業的資料庫裏經不住「百般拷打」，已經「集體招供」了。

客戶忠誠度：得出客戶持久性、牢固性及穩定性分析。對於高忠誠度客戶，要注意保持其良好印象，對於低忠誠度客戶，要麼不要浪費錢財，要麼就下大工夫把他們培養成忠誠客戶。

2.關注最後一次消費

客戶的最近一次消費是指上一次購買的時間。客戶上一次是何時來店買的東西，上一次購買本公司產品是什麼時候等。

最後一次消費是相對的，也就是說，什麼樣的最後一次消費，其意義依產業不同而有所差異。百貨公司及大部份專賣店要注意近兩三年的資料，且要知道最近一個月或最多幾個月以內的最近一次消費是何時。家電產品銷售商會保存資料 5 年以上，且以 3 個月或 6 個月爲週期追蹤客戶動向。汽車廠商可能以數年來計。而超級市場日用消費品的營銷人員卻希望客戶的最後一次消費是發生在上週。

如果一名客戶超過 12 週未出現在超級市場，再見到他出現的機會可能中有 10%；若超過 12 週，則降至 5%。

理論上，上一次消費越近的客戶就是比較好的客戶，對提供的商品或是服務也最可能會有反應。或許我們都同意，身處

這個成長極限時代的營銷人員若業績有所成長，只能靠偷取競爭對手的市場佔有率，而如果要密切地注意消費的購買行為，那麼最近一次的消費就是營銷人員第一個要利用的工具。這也就是為什麼 0~6 個月的客戶收到營銷人員的溝通資訊多於 31~36 個月的客戶。

最近一次消費的過程是持續變動的。在客戶離上一次購買滿一個月之後，在資料庫裏就成為最近一次消費為兩個月的客戶。反之，同一天，最近一次消費為三個月的客戶作了其下一次購買，他就成為最近一次消費為一天前的客戶，也就有可能在很短的時間內就收到新的折價資訊。

最近一次消費的效用不僅在於提供即時的促銷資訊，營銷人員的最近一次消費報告可以監督事業的健康度。優秀的營銷人員會定期查看最近一次消費分析，以掌握趨勢。月報告若顯示上一次購買很近的客戶(最近一次消費為一個月)人數增加，則表示該公司是個穩健成長的公司；反之，若上一次消費為一個月的客戶越來越少，則是該公司邁向不健康之路的徵兆。

最近一次消費報告是維繫客戶的一個重要指標。最近才買你的商品、服務或是逛你的商店的消費者，是最有可能再購買東西的客戶。再則，要吸引一個幾個月才上門的客戶購買，受這種強力的營銷哲學——與客戶建立長期的關係而不僅是賣東西，會讓客戶保持往來，並贏得他們的忠誠度。

表 5-1 是典型的「最近一次消費」的分析報告。在數據庫裏，這種形式的報告通常被稱為「十等分報告」。

表 5-1　最近一次消費十等分報告

客　戶 排名	人數	累計	上次消費是 在那個月前	消費額 (元)	消費額 比例 (%)	累計消費額 (元)	累計消費 額　比　例 (%)	平均 消費額 (元)
1	4960	4960	1	2718589	21.00	2718589	21.00	548
2	4960	9920	1～2	1808340	13.97	4526829	34.97	365
3	4960	14880	2～3	1619543	12.51	6146472	47.48	327
4	4960	19840	3～4	1411692	10.90	7558164	58.38	285
5	4960	24800	4～5	1105024	8.54	8663188	66.92	223
6	4960	29760	5～6	1126903	8.70	9790091	75.62	227
7	4960	34720	6～8	993764	7.68	10783855	83.30	200
8	4960	39680	8～10	9147846	7.06	11698701	90.36	184
9	4960	44640	10～12	645525	4.99	12344226	95.35	130
10	4960	49496	12～14	602114	4.65	12946340	100	121
合計	49596			12946340	100			261

　　　十等分報告的作用在於將一整群的消費者分解，在本例中，49596 名消費者就被分成十等分，每一等分大約有 4960 名消費者。本分析以最近一次消費的時間來將消費者分等。在注明是「上次消費是在那個月前」的第四欄裏，從 1、2、3、4月往上遞增，代表著每一個等分的最近一次消費的時間。 最上面的等分(1 個月)包含從昨天到 29 天以前的區間內購買的客戶。這種報告也可改爲以日、星期甚至於年來計算。這樣的分析還有作爲管理工具的附加價值，可以顯示每一個等分在被測量的期間裏所貢獻的營業額及共佔公司營業額的百分比。最近一次消費的排名最高者幾乎都是公司營業額的最大貢獻者。因

此，每一位營銷人員的目標就盡可能地讓客戶成爲最常光顧的客戶。

誠如之前說過的，時間久了以後，1 個月的客戶會變成 3 個月的客戶，而有些 3 個月的客戶也可能變成 1 個月的客戶，問題是有多少 1 個月的客戶會一直都是 1 個月的客戶。在不同的時間點上，這種最近一次消費的分析看起來或許很相似，但其內部的變動過程卻可能會相當不同。不過要記住的很重要的一點是，這種分析和一個被即時捕捉到的鏡頭是一樣的，只是一些簡要的印象。

表 5-1 的分析所顯示的僅是該公司在做分析報表當天客戶最近一次消費的狀況。聰明的營銷人員會定期檢閱這類資料，並據此評估事業的發展趨勢——最近常往來的客戶基礎是擴大還是流失了？要讓正在改變心意的消費者回頭是件很不容易的事，但最近一次消費的分析是營銷人員的一項參與指標，如之前所提到的，最近常往來的客戶若減少，則是公司陷入麻煩的警示。

除了最近一次消費的十等分報告以外，在資料庫裏尚有許多以最近一次消費爲基礎的資訊可以供優秀的營銷人員利用。想要留住高消費客戶的營銷人員，可以先到資料庫裏去搜索資料。例如，尋找去年一年裏在店裏消費超過 1000 元的客戶。接著，就可以策劃適當的促銷活動。

最後一次消費報告也可以幫助營銷人員避免一些會讓客戶不高興的事情，舉例來說，如果你是位打算郵寄折扣資訊給客戶的毛皮商，你若能將去年或在幾個月前才買毛皮的客戶剔除，這才是相當明智的舉動。

當然，僅僅分析最近一次消費是不夠的，我們還必須考慮客戶消費的頻率。

3.高頻度的客戶才是最重要的

消費頻度是指客戶在限定的期間內所購買的次數。最常購買的客戶忠誠也就最高。增加客戶的購買次數，則意味著從競爭對手處搶奪到了市場佔有率。

表 5-2　消費頻度十等分報告──客戶十等分消費淨值

客　戶排名			消費額(元)	消費額比(%)	累計消費額(元)	累計消費額比例(%)	平均消費次數(%)	平　均消　費額(元)
	人數	累計						
1	4960	4960	37766	34.94	37766	34.94	8	120
2	4960	9920	17242	15.95	55088	50.89	3	123
3	4960	14880	11619	10.74	66627	61.63	2	124
4	4960	19840	9920	9.17	76547	70.80	2	110
5	4960	24800	6282	5.81	82829	76.61	1	124
6	4960	29760	5212	4.82	88041	81.43	1	122
7	4960	34720	5080	4.70	93121	86.13	1	146
8	4960	34680	5010	4.64	98131	90.77	1	112
9	4960	44640	4994	4.62	103125	95.40	1	106
10	4956	49596	4962	4.60	108087	100	1	115
合計	49596		108087	100				120

如果測量的時間是一年，在一年之中購買 3 次的客戶被稱爲 3 次客戶，就像「最近一次消費」一樣，這也是一種變動性的測量。客戶在進行第 3 購買的當天，就會被移到 4 次客戶的檔案中。就像「最近一次消費」一樣，「消費頻度」也可以依十

等分的方式進行分析，在下面的表格中，對同一群 49596 名客戶，我們再一次把他們分成十個 4960 名的等分。報告顯示，排名在 10%以前的客戶的平均購買次數為 8 次，而在同一時間，有 60%的客戶僅買過一次，只要營銷人員能將一次購買者變成兩次購買者，就等於競爭對手處搶得生意，並提高了市場佔有率。

　　許多營銷人員都很驚訝，當他們預備以消費頻度為基礎進行區隔，以便進行促銷時，發現消費頻度最低的客戶(最末的 10%)反應卻最好。怎麼會這樣呢？

　　原因出在最近一次消費。許多廠商最近往來的客戶大多是第一次購買者，他們被輸入資料庫的時間還不夠久，不能構成消費頻度的記錄。這更證明了最近一次消費的價值。

　　我們在看資料庫的資料時，首先要注意的是，所看到的東西往往不是表面的那個樣子。資料庫營銷的工具跟其他工具一樣，需要通過訓練和積累經驗才能夠專業地運用。

　　把十等分分析當作是一個「忠誠度的階梯」，其訣竅在於讓客戶一直順著階梯往上爬，把銷售想像成是要將兩次購買的客戶往上推成三次購買的客戶，把一次購買者變成兩次購買者。

　　我們可以看到有六個等分的客戶僅作了一次購買。如果這 29765 名客戶有一半變成兩次客戶，營銷人員便可增加超過 100 萬元的營業額。如果再加上客戶管理，對維繫客戶而言，這是個相當重要的工具。

　　有很多營銷人員每月會為業務人員準備三份表單：
　　•依據最後次消費及消費頻度的資料顯示，列出上個月應購買客戶的表單；

・上個月確實有購買行爲的客戶的表單；

・沒有購買的客戶的表單。

任何出現在流失名單中的，都是要採取立即行動的目標。消費頻度若能與最後一次消費相結合，其參考價值及效益就比只有最近一次消費的資料來得高。但這樣還不夠，因爲消費的金額並沒有被量化出來。

4.挖掘大客戶

除了消費的頻度之外，還必須考慮到一定時期內的消費金額。利用消費金額方面的資料，可以獲取許多有意義的客戶資訊。

表 5-3　消費金額十等分報告

客戶排名	人數	累計	消費額(元)	消費額比例(%)	累計消費額(元)	累計消費額比例(%)	平均消費額(元)
1	4960	4960	596021	45.77	5926021	45.77	1195
2	4960	9920	2258910	17.45	8184931	63.22	455
3	4960	14880	1448198	11.19	9633129	74.41	292
4	4960	19840	1024694	7.91	10657824	82.32	207
5	4960	24800	759128	5.87	11416952	88.19	153
6	4960	29760	560472	4.33	11977424	92.52	113
7	4960	34720	409396	3.16	12386820	95.68	83
8	4960	39680	289556	2.24	12676375	97.92	58
9	4960	44640	181659	1.40	12858034	99.32	37
10	4956	49596	88035	0.68	12946339	100	18
合計	49596		12946339	100			261

　　消費金額這個工具有許多運用方式。表 5-3 被稱作消費金額的十等分報告。49596 名客戶依據所消費的金額來提名，本範例的檔案是客戶在兩年之間購買的情形，營銷人員利用這個檔案能很容易地列出今年、去年或是上週的客戶購買資料。

　　消費金額是所有資料庫報告的支柱，也可以檢驗「柏拉托法則」──公司 80%的營業額來自於 20%的客戶。它顯示出排名前 10%的客戶所花費的金額較下一個等級者多出至少兩欄，我們會發現有 40%的客戶貢獻公司總營業額的 80%；而有 60%的客戶佔營業額的 90%以上。最左的一欄顯示每一等分客戶的平均消費，表現最好的 10%的客戶平均花費 1195 元，而表現差的 10%僅有 18 元。

　　如果你的預算不多,而且只能提供服務資訊給 2000 或 3000個客戶，你會將資訊郵寄給貢獻 40%營業額的客戶，還是那些不到 1%者？資料庫營銷有時候就是那麼簡單。請記住雖然範例中的公司並不大，僅有不到 5 萬名客戶，但是所做的分析與有數百萬客戶基礎者是一樣的，惟一不同的是，這樣的營銷知識所節省下來的成本會很可觀。

　　但也要記往，那些最近一次消費隔很久、消費頻度也很低的客戶，有可能也會是花費最多的，平均達 1195 元的客戶。要找出這些超級買家的一個方法是,把最上層的這 4960 人的等分從資料庫中區隔出來，再進行十等分分析。這樣，每一等分僅剩 496 名客戶，我們可以在接近上層部份將這些對象找出來。

　　另外一個找出大量購買者的方法是，將向一份消費金額資料再進行一次十等分的購買分析。消費金額的分析是將 49596名客戶分成十等分，再看每一等分的花費是多少。而表 5-4 則

是將總消費金額 12946339 元分成十等分,分析每一等分的客戶人數有多少,再據此排名。

表 5-4　客戶金額十等分報告──消費淨值等分

排名	消費額(元)	累計消費額(元)	消費人數	消費人數比例(%)	累計消費人數	累計消費人數比例(元)	平均消費額(元)
1	1293261	1293261	357	0.72	357	0.72	3623
2	1293389	2586650	724	1.46	1081	2.18	1786
3	1294026	3880676	1126	2.27	2207	4.45	1149
4	1294497	5175173	1590	3.21	3797	7.66	841
5	1294355	6469528	2132	4.29	5929	11.95	607
6	1294525	7767053	2861	5.77	8790	17.72	452
7	1294367	9058420	3984	7.85	12684	25.57	332
8	1294441	10352861	5513	11.12	18197	36.69	235
9	1294551	11647412	8450	17.04	26647	53.73	153
10	1298927	12946339	22949	46.27	49596	100	57
合計	12946339		49596	100			261

　　在此,我們有足夠的證據讓人明白維繫客戶的價值何在。如果該公司失去其最上層的 357 名客戶,至少要找到 1400 名一般消費的客戶才能夠彌補損失。換言之,該公司每流失一個上層的客戶,就要找到 7 個新客戶才能打平。

　　僅 1081 個客戶,佔客戶總數不到 3%,就貢獻了該公司 20% 的營業額。對這些客戶,營銷人員要花費多少心力才算夠?

　　許多企業以獲利與銷售來看待客戶價值。

　　著名的在可口可樂公司的一份研究報告中,公司總裁強

調，與其他的客戶相比，最好的客戶利潤也較高，因此應當多得到的一些照顧。計算每一位客戶所貢獻的利潤，可作爲針對不同客戶將商品及服務差異化的依據，同時也造就了客戶分類管理的可能性，以達到提高競爭力的目的。

5.綜合分析，淘出黃金客戶

在利用了以上的三年指標以後，我們更應該將三者綜合使用。營銷人員可以利用一種結合最近一次消費、消費頻度、消費金額等資料來做客戶檔案分類的報告。表 5-5 是綜合的指數，這項指數以最近一次消費、消費頻度、消費金額的五等分報告爲依據。除了其每一行代表 20%的客戶之外，五等分報告看起來就和十等分報告一樣。在這個例子當中，最上層的第一等分編號爲「A」，往下依次編開，第五等分爲「E」，消費頻度及消費金額的五等報告也採用同樣的編號方式。

表 5-5　綜合指數表

目錄	客戶人數	客戶人數比(%)	購買額(元)	購買額比(%)	平均獎購買次數	平均消費額(元)
AAA	596	0.84	301500	5.43	50	57.50
BAA	7979	1.12	307800	5.54	8	43.00
BBA	3210	0.45	71500	1.29	22	72.50
BCB	3210	0.45	71500	1.29	22	117.00
CAA	6490	0.91	223800	4.02	34	354.50
CBA	6493	0.91	143350	2.58	22	55.00
CCA	1441	0.20	21350	0.38	14	80.75
DAA	2118	0.29	29500	0.53	13	85.50
EAA	6420	0.90	30150	0.54	5	32.80

營銷人員可以列出可用的 125 個組合中的任一組合。在範例的報告當中，第一列表示客戶在三個報告中都被評爲 A 等；第二列表示客戶在最近一次購買的報告中列名第二等分，在消費頻度及消費金額兩報告中則列名第一等分。這是營銷人員檢查最近一次消費、消費頻度、消費金額等不同價值組合而進行區隔的捷徑。十等分的區隔也可以同樣的方式運用，營銷人員之所以會選擇五等分報告進行這項工作，是爲了讓組合的數目更易於管理。

營銷人員利用這項指標分析工具來預測促銷結果。由於知道有些名單根本不會帶來任何的利潤，所以沒有寄發信函給名單上所有的人，而是從指示的每一個單位中，再細分一些有利潤的小單位，進行試寄。如果公司的名單沒有大到可以發展出 125 個單位，可以改用三等分的方式來建立 27 個單位。

從收入中扣除郵寄成本，對試寄結果的分析顯示，不少指標單位能達成收支平衡或者創造更好的結果。新產品上市時，只要郵寄給那些看起來會有利潤的回應單位即可。事實上，大部份的營銷人員會將測試回應率打九折，因爲通常正式的銷售展開後所表現出來的結果與測試的結果是不會一樣的。在大部份的情況下，營銷人員都會花一點錢在測試上，不過花小錢卻可以換取最終的成功促銷。

該指數之所以要顯示平均購買次數、每次交易的平均消費額等資料，是因爲這樣做可以讓營銷人員評估每一單位的價值。

舉例來說，雖然 CAA 單位的客戶最近一次購買間隔很久，但消費頻度及消費金額很高，因此，還是有對其進行營銷活動的價值；BCA 單位的客戶最近一次消費不是隔得很久，而且消

費金額也不是最高，但若能說服他們消費，他們每次的造訪平均也有 117 元的消費額，這群客戶還是有其價值。

　　讓我們再來回顧一個指標的基本法則：最後一次消費、消費頻度以及消費金額，這看起來或許簡單，然而能把簡單的事情做好的人並不多，何況是在一個組織中。

心得欄

第 六 章

針對大客戶的管理

1

對大客戶的管理手段

大客戶對企業的重要性不言而喻，企業要如何管理好，維護好大客戶。根據每個企業自身的特點，企業可以分別採取不同的策略維護大客戶，爲企業創造更大的現金流入。一般來講主要手段是：

1.對客戶實行評估，工作核心對準大客戶

這種的原則是：客戶的採購數量(特別是對公司的高利產品的採購數量)；採購的集中性；對服務水準的要求；客戶對價格的敏感度；客戶是否希望與公司建立長期夥伴關係等等。對已經找出的大客戶實行重點管理，在他們身上投入更多的人力、

物力和財力，以便通過銷售商品或提供勞務，從他們身上創造更多的有利現金流入量。當然，對於那些未能納入重點管理類別的客戶，也不要輕易放棄，只是管理的頻率與幅度不同罷了，因爲隨著時間的推移和自身的發展，這類客戶很可能成爲今後的大客戶。

2.對大客戶的經營行爲跟蹤管理

大客戶也是不斷發展的，其對產品和服務的需求也是持續變化的，因此，銷售企業需隨時根據情況的變化，調整工作的重心。企業應該設專人不間斷地搜集最新的、準確的大客戶動態資訊，僵化或者一成不變的管理方式是難以收到好效果的。對客戶實施動態跟蹤管理的關鍵是不斷地、及時地更新客戶庫中的資訊，反映客戶需求的資訊遠比一些數位重要的多，並根據這些資訊對客戶做出評估，以便隨時調整客戶的類別。

3.多花時間訪問客戶，定期進行雙向溝通

這是提升客戶資源價值的重要環節。企業要主動與客戶溝通，設法瞭解他們需要什麼，近期安排什麼，一些行爲的目的和隱含了什麼目的等。讓客戶感覺到企業與用戶之間不僅僅是一種買賣關係，也體現出一種朋友關係。在每次溝通客戶時，爭取爲客戶提供有價值的資訊和建議。

4.爲對方提供客戶資源和商業資訊

銷售方企業爲了維護好與大客戶之間的關係，也應該關注一些對方行業內的資訊，對於大客戶來說也是非常樂意看到的。這樣給人的感覺不僅僅是想賺錢還在爲對方的經營發展考慮。這樣建立起來的「雙贏」的夥伴關係，就不僅僅表現在買賣關係上了，還體現在兩個企業的共同發展和提升。

5. 協助客戶延伸需求，為企業創造更多的利益

這樣做可以提高客戶資源價值，為企業創造更大的利益。當一個企業開拓了一個新的用戶之後，並不意味著就創造一個源源不斷地收益點，因為客戶是隨時可能流失的。企業要將第一次交易當成與客戶往來的開始，而不是結束。經常與大客戶接觸和溝通，銷售方會發現很多對方自己沒有意識到的需求，這些很可能對於大客戶而言也是很重要的發現，能夠解決許多症結。

6. 培養大客戶的忠誠度

營銷人員向大客戶提供採購數量為基礎的有利價值(價格方面的優惠資訊)，但是，企業不能僅僅依賴這種方式來保持大客戶的忠誠度。因為這裏總是有某種風險。其實，許多大客戶對附加價值的需求遠遠多於對價格優勢的需求。比如維修和升級服務、保養。此外，與大客戶管理人員、銷售代表等價值提供人員保持良好的關係也是激發客戶產生忠誠度的重要因素。

心得欄 ┄┄┄┄┄┄┄┄┄┄┄┄┄┄┄┄┄┄┄┄┄┄┄┄┄┄┄┄┄

┄┄┄┄┄┄┄┄┄┄┄┄┄┄┄┄┄┄┄┄┄┄┄┄┄┄┄┄┄┄┄┄

┄┄┄┄┄┄┄┄┄┄┄┄┄┄┄┄┄┄┄┄┄┄┄┄┄┄┄┄┄┄┄┄

┄┄┄┄┄┄┄┄┄┄┄┄┄┄┄┄┄┄┄┄┄┄┄┄┄┄┄┄┄┄┄┄

┄┄┄┄┄┄┄┄┄┄┄┄┄┄┄┄┄┄┄┄┄┄┄┄┄┄┄┄┄┄┄┄

┄┄┄┄┄┄┄┄┄┄┄┄┄┄┄┄┄┄┄┄┄┄┄┄┄┄┄┄┄┄┄┄

2

對客戶管理的 20 要項

　　大客戶的管理，也可運用「80/20」法則來深入研究，即：一個企業 80%的價值來自於 20%的客戶，其餘 20%的價值則來自於 80%的客戶，這個 20%的客戶就屬於那種大客戶。無論從事何種產品的市場行銷，將企業的客戶按照銷售量的大小進行排名，然後按企業客戶總數的 20%這一數額，將排名最靠前的這些客戶的銷售量累計起來，就會發現這個累計值佔企業銷售總量的比例有多大，可能是 60%或 70%，甚至 80%以上。也就是說，企業大部份的銷售量來自於一小部份客戶，而這部份客戶就是企業的大客戶。這些客戶可能是企業在某個地區的總代理，可能是某個市場部的核心客戶，也可能是一個大型的工業企業，這些大客戶對企業的重要性無以言表。

　　是否建立大客戶管理部要視企業的規模而定，對於規模小一點的企業，客戶數量較少，大客戶則更少，對大客戶的工作，就需要企業主管人員親自來抓。如果企業的大客戶有 20 個以上，那麼建立大客戶管理部就很有必要了。建立大客戶管理部，並從以下方面做好對大客戶的工作，是抓住大客戶的有效手段。

1. 寄感謝信

成交之後，首先你應該寄一封感謝信給決策者。你的致謝信不僅是爲了道謝而已，另一方面也是爲了要把握方案進行的動向。譬如你可以在致謝信裏提出初期安裝的事情，甚至可以進一步提議召開一個會議，邀請所有與初期安裝有關的人員來參觀，對討論安裝步驟等。

總之，這封感謝信應該讓客戶知道，你並非把東西賣了就再見了，也就是說，你應該積極表示你仍是最關心產品的安裝進程、安裝效果以及業務利益的人。

2. 售後訪問

到產品被安裝的現場去瞭解安裝之後客戶的評價。由於東西是你賣給他們的，他們當然視你爲應該對產品負責的人。在這期間內，你的公司是否每次都能適時地去進行安裝檢視服務，是一件相當重要的事情；這項工作做得不好的話，將會嚴重影響客戶對你的公司的印象。

儘管你可能不是安裝工作的最高負責人，你還是應該花幾個小時去巡視安裝進行情況，才能保障你長期性的成功，而且這樣做才能保持消息的靈通。

售後再度造訪客戶時，客戶很可能會要求你再度保證這項產品的功能與效益；這時你應該再把整個方案的利益對客戶重新說明，以解除他的憂慮、加強他對你的信心。

售後再訪客戶有時可能給你修正戰略的機會。比如近來企業方向或經濟環境稍有改變，可能會影響客戶的計劃或目標，這時你再去拜訪客戶，便可一邊注意安裝情況，一邊修正你的方案的效益；特別是後者，隨著情況而向客戶提出修正說明的

話，往往比任由客戶對你的產品自下判斷有利得多。

3. 注意並報告你的方案的效果

當你注意方案的效果並適時向客戶及你自己的公司提出報告時，也正是你向客戶及你的公司展示產品的價值的時候。

你把產品賣給需要它的客戶，你自然有責任把它的使用情況做一個報告，以讓客戶及你自己的公司瞭解這個方案是否滿足客戶的需求，收到了多少利益，間接地也就替你自己製造了機會去瞭解客戶下一步的需求。

大客戶銷售推銷法主張採用兩種售後訪問的辦法，一種是正式的，一種是非正式的。而依客戶的情況以及客戶對你們公司的重要性來分別，售後訪問的工作可以三個月進行一次，半年進行一次，或者一年進行一次。千萬不要等到客戶來找你的時候才去拜訪他們。你應該採取主動，事實上你應該把已成交的視為和未成交的客戶一樣重要。

售後訪問客戶的時候，你應該瞭解客戶目前正在進行什麼計劃，以便儘量讓你所提供的方案達到更高的效果、獲取更大的利益。你還應該把你新發覺的客戶需求指出來。

依客戶情況的不同，進行售後訪問時你可以只拜訪某些人，也可以拜訪客戶的全部有關人員。

在你實行售後訪問計劃之初，可能的話你也可以先與客戶的決策者見面，由他來建議你應該與那些人員見面，以加強售後訪問的效果。

4. 保證服務

對售後服務的保證是與客戶建立友情的基本步驟。儘管客戶在你的產品被安裝時可能是滿意的，然而誰也不知道今後是

否會有其他問題產生。請你務必要記住：除非客戶對你有持續性的信任，否則你今後的推銷便會遇到阻力。

此外，與客戶內部的基層工作人員也應經常聯繫，才能在產品發生極小的問題時便及時加以修正，以滿足基層工作人員。

5.與決策者、推薦者、影響者保持聯繫

與決策者、推薦者、影響者保持經常的聯繫，可以認識他們、瞭解他們的需要和他們的經營方法；你應該以他們所慣用的「語言」來表示你是他們中間的一份子。比如，你可以把一份你最近閱讀的與客戶的企業有關的消息剪下來，把它拿給決策者與他們共同研究對策等。

6.發掘或培養客戶內部自動替你推銷的人員

當初你在進行推銷的時候，可能已經發現客戶內部有人是衷心支持你的；在成交之後，你應該把這些人當作「客戶內部的推銷員」看待，換句話說，他們是客戶內部願意替你推銷產品的人。假定你當初並沒有發現這樣的人話，在成交之後你便應該積極地培養這樣的人。

所謂「客戶內部的推銷人員」的定義是這樣的：他經常替你收集資料，來告訴你安裝之後的情形，並支持你的方案；而必要時他也向你提出誠意的批評與建立。有了這樣的人員在客戶內部協助你，你的售後活動自然能事半功倍地進行。

7.認識新的主管人員

你應該找機會去認識那些對未來的採購有影響力的人。至於怎樣去認識他們呢？你可以請你認識的人員替你引見。以什麼理由引見呢？很簡單，就說是為了探討既有的方案的利益以及瞭解未來的規劃。

例如：

「王先生，聽說李明先生是你們研究發展部門的新任主管，我想如果您、我、他三人能在一起討論一下我提供的方案有關的問題，對貴公司的研究發展應該有很大的幫助。是不是請你安排一下，我請您二位吃午飯，就在下週好嗎？」

8. 擴大聯繫範圍

你應該在客戶內部儘量擴大聯繫面，認識的人越多，你對客戶的瞭解就越深，將來成功的機會也就越大。

9. 與採購部門保持聯繫

你除了與採購部門保持經常的聯繫之外，還應該儘量去瞭解他們的作業流程，也讓他們瞭解你在他們公司裏的活動情形，鼓勵他們信任你。一般來說，採購部門並不能積極地協助你達到推銷目的，可是如果你不能讓他們信任你的話，他們往往會反過來阻礙你。

10. 加強與你自己公司相關人中的聯繫

那些人是所謂的相關人員呢？你自己公司的修護服務人員、後勤營業人員、公共關係人員等人都是。他們是除了你之外，可能與客戶直接接觸的人。你應該幫助這些人瞭解客戶的政策，提供給他們必要的資料與消息，你與他們之間的工作應該是相輔相成的。

這些人裏面，修護服務人員可能是比較重要的，因為他們所得到消息往往與客戶的進一步需求有關。例如：

「這個客戶過度使用機器，每當我去做定期檢查時，他們根本騰不出時間來讓我檢查，……我想他們可能需要再買一部效率更高的機器。」

像這類消息不正給你提供一個最好的機會嗎？

11. 注意競爭者的行動

基本上你應該觀察客戶用了競爭者的那些產品、客戶對那些產品滿意，並通過與客戶的談話去瞭解競爭者的銷售戰略。一般來說，客戶的採購部門的人是在這方面對你最有幫助的人。

12. 經常掌握客戶最新經營動態及業界情形

應該繼續學習有關客戶的整個業界的知識，並通過下列行動來增加你對業界的瞭解：

· 購買書籍；
· 購買報紙、期刊，並對該行業有關報導特別注意；
· 參加研討會；
· 參加有關協會或學會；
· 利用公司的圖書資料；
· 參加與該行業有關的聚會。

只有保持對客戶業界的關心，你才能跟上腳步去瞭解客戶最新的情況，才能提供給客戶最好的建議案及服務。

13. 仔細閱讀客戶的出版物

這種做法自然也是為了加強你與客戶間的聯繫，以及時瞭解他們的需求。你應該仔細閱讀客戶的目標及活動。或注意客戶佈告欄上的通告或公司內的活動，以深入瞭解客戶。

14. 參加客戶所舉辦的活動

客戶所舉辦的活動包括銷售會議、股東大會等，通過這些會議或其他活動，你可以得到更多的機會來發掘客戶新的需求。比如，你去參加客戶舉辦的員工郊遊活動，也許就在與某位經理的閒聊當中瞭解到他們多數的決策是由總公司負責。這

樣一個消息不是可以使你以後的推銷走較少的冤枉路嗎？

15.爭取參加客戶的業務需求會議

舉例來說，客戶內部遇到了一個問題，而你的公司的產品可能有辦法解決那個問題，這時你就應該由他們內部人員暗地裏的通知(或者如果客戶願意的話，他們光明正大通知你)，而去參加這個會議以爭取一筆新的生意。

當你自告奮勇地告訴他們你想參加這個會議時，你可以對他們說：

「蔡經理，聽說您們正要開會討論有關節省能源的問題，我在這方面有些經驗，也曾經替其他客戶解決過這一類問題，所以很想參加這個會議，提供一下我個人的意見。」

16.時刻不忘宣揚自己的公司

密切注意自己的公司的生意與供貨情形，儘量把公司的新產品消息提供給客戶，比方在你與客戶談話的時候，找機會替新產品做宣傳。隨時贈送有關新產品的資料檔，並將新產品與客戶的需求連在一起。

17.邀請客戶參加你自己公司的活動

你的公司也許要舉行一個展示會、顧客聯誼會，或者座談會什麼的。你應該盡力邀請客戶的多數人員出席，以增進你們公司與客戶之間的關係。

18.讓客戶認為你是他們規劃流程中的一員

這要做是為了加強你與客戶之間的長期關係，只要客戶遇到問題時隨時與你研究，你的下一步推銷自然是勝券在握。

19.注意客戶的經營活動

關於這項工作，你應該求助於你公司的有關人員。此外，

你也應該繼續利用你的表格來協助你。

20. 圓滿而順利的交接

你費了好大勁才建立了良好的客戶關係，萬一你高升的話，千萬要向你的接班人圓滿而順利地交接，因爲不但是你的公司希望你交接清楚，你的客戶也希望一切順利。

所以，你應盡力把所瞭解的客戶背景向新接任的人說明，把你做過的一切努力轉交到他手上，並向客戶的決策者等人員盡力推介他。

21. 優先保證大客戶的貨源充足

大客戶的銷售量較大，優先滿足大客戶對產品的數量及系列化的要求，是大客戶管理部的首要任務。尤其是在銷售上存在淡旺季的產品，大客戶管理部要隨時瞭解大客戶的銷售與庫存情況，及時與大客戶就市場發展趨勢、合理的庫存量及客戶在銷售旺季的需貨量進行商討，在銷售旺季到來之前，協調好生產及運輸等部門，保證大客戶在旺季的貨源需求，避免出現因貨物斷檔導致客戶不滿的情況。

22. 充分激發大客戶中的一切與銷售相關的因素

包括最基層的營業員與推銷員，提高大客戶的銷售能力。許多行銷人員往往陷於一個偏失：只要處理好與客戶中上層主管的關係，就意味著處理好了與客戶的關係，產品銷售就暢通無阻了，卻忽略了對客戶的基層營業員、業務員的工作。客戶中的中上層主管掌握著產品的進貨與否、貨款的支付等大權，處理好與他們的關係固然重要，但產品是否能夠銷售到消費者手中，卻與基層的工作人員如營業員、業務員、倉庫保管員等有著更直接的關係，特別是對一些技術性較強、使用複雜的大

件商品，大客戶管理部更要及時組織對客戶基層人員的產品培訓工作，或督促、監督行銷人員加強這方面的工作。充分激發大客戶中的一切與銷售相關的因素，是提高大客戶銷售量的一個重要因素。

23.關注大客戶的一切動態，並及時給予支援或援助

大客戶作為生產企業市場行銷的重要一環，大客戶的一舉一動，都應該給予密切關注，利用一切機會加強與客戶之間的感情交流。比如，客戶的開業週年慶典、客戶獲得特別榮譽、客戶的重大商業舉措等，大客戶管理部都應該隨時掌握信息並報請上級主管，及時給予支援或協助。

24.安排企業高層主管對大客戶的拜訪工作

一個有著良好行銷業績的公司行銷主管每年大約要有 1/3 的時間是在拜訪客戶中度過的，而大客戶正是他們拜訪的主要對象。大客戶管理部的一個重要任務就是為行銷主管提供準確的信息、協助安排合理的日程，以使行銷主管有目的、有計劃地拜訪大客戶。

25.根據大客戶不同的情況，設計促銷方案

每個客戶都有不同的情況，區域的不同、經營策略的差別、銷售專業化的程度等等。為了使每一個大客戶的銷售業績都能夠得到穩步的提高，大客戶管理部應該協調行銷人員、市場行銷策劃部門根據客戶的不同情況與客戶共同設計促銷方案，使客戶感受到是被高度重視的，是你們行銷管道的重要因數。

26.徵求大客戶對行銷人員的意見，保證管道暢通

市場行銷人員是企業的代表，市場行銷人員工作的好壞，是決定企業與客戶關係一個至關重要的因素。由於市場行銷人

員的文化水準、生活閱歷、性格特性、自我管理能力等方面的差別，也決定了市場行銷人員素質的不同，大客戶管理部對負責處理與大客戶之間業務的市場行銷人員的工作，不僅要協助，而且要監督與考核，對於工作不力的人員要據實向上級主管部門反映，以便人事部門及時安排合適的人選。

27.對大客戶制定適當的獎勵政策

生產企業對客戶採取適當的激勵措施，如各種折扣、合作促銷讓利、銷售競賽、返利等，可以有效地刺激客戶的銷售積極性和主動性，對大客戶的作用尤其明顯。最近，就拿出 40輛轎車和現款重獎行銷大戶。

28.保證與大客戶之間信息傳遞的及時、準確

大客戶的銷售狀況事實上就是市場行銷的「晴雨錶」，大客戶管理部很重要的一項工作是對大客戶的有關銷售數據進行及時、準確的統計、匯總、分析，上報上級主管，通報生產、產品開發與研究、運輸、市場行銷策劃等部門，以便針對市場變化及時進行調整。這是企業以市場行銷爲導向的一個重要前提。

29.組織每年一次的大客戶與企業之間的座談會

每年組織一次企業高層主管與大客戶之間的座談會，聽取客戶對企業產品、服務、行銷、產品開發等方面的意見和建議，對未來市場的預測，對企業下一步的發展計劃進行研討等。這樣的座談會不但對企業的有關決定非常有利，而且可以加深與客戶之間的感情，增強客戶對企業的忠誠度。

大客戶管理是一項涉及到生產企業的許多部門、要求非常細緻的工作，要時刻滿足客戶及消費者的需要。大客戶管理工作的成功與否，對整個企業的行銷業績具有決定性的作用。大

客戶管理部只有激發起企業的一切積極因素，做好各項工作，牢牢抓住大客戶，才能以點帶面、以大帶小，使企業行銷主管道始終保持良好的戰鬥力和對競爭對手的頑強抵禦力。

3

針對大客戶的管理策略

　　企業要與大客戶結成長期的合作夥伴，就要不斷地協調兩者之間的關係。一方面，要弄清客戶的需求，諸如對收到產品時間的長短有何要求，對交貨批量、批次、週期和價格有何期望，客戶是否希望企業代培推銷員和進行市場調查等等。另一方面，要瞭解自己滿足客戶的需求程度，根據實際可能，將二者的需求結合起來，建立一個有計劃的、垂直的聯合銷售系統。

　　在企業處理與大客戶的關係時，那些銷售量在某個地區甚至在整個企業的銷售系統中都佔有很大比例的大客戶與企業的關係如何，有時甚至就決定了生產企業在這個地區的市場前景和市場佔有率的高低。一個大客戶的失去，有時能使一個企業元氣大傷，尤其對一些中小型企業更是如此。

　　現實生活中，許多企業對於這些大客戶都是比較重視的，處理與這些大客戶的關係時，經常是企業的高層主管親自出面，但這樣往往缺乏系統性、規範化管理。在國外，許多大型

企業，爲了更好地處理與大客戶之間的關係，往往是建立一個
全國性大客戶管理部。是否建立大客戶管理部要視企業的規模
而定，對於規模小一點的企業，客戶數量較少，大客戶則更少，
對大客戶的工作，就需要企業主管人員親自來抓；如果企業的
大客戶有 3 個或更多，那麼建立大客戶管理部就很有必要了。

　　無論企業建立大客戶管理部與否，企業要做的是必須做好
大客戶的管理戰略，留住大客戶才是最重要的。

一、保證大客戶的資源

　　大客戶的銷售量較大，優先滿足大客戶對產品的數量及系
列化的要求，是大客戶管理的首要任務。尤其是在銷售上存在
淡旺季的產品，大客戶經理要隨時瞭解大客戶的銷售與庫存情
況，及時與大客戶就市場發展趨勢、合理的庫存量及客戶在銷
售旺季的需貨量進行商討，在銷售旺季到來之前，協調好生產
及運輸等部門，保證大客戶在旺季的貨源需求，避免出現貨源
不足而導致客戶不滿的情況。

二、激起一切與大客戶銷售有關的因素

　　不少營銷人員往往會犯一個錯誤，那就是：只要處理好與
大客戶的中上層的關係，就意味著處理好了與大客戶的關係，
產品銷售就暢通無阻了。客戶中的中上層掌握著產品的進貨與
否、貨款的支付等大權，處理好與他們的關係固然重要，但產
品是否能銷售到消費者手中，卻與基層的工作人員如營業員、

業務員、倉庫保管員等有著更直接的關係，特別是對一些技術性較強、使用複雜的大件產品，企業應及時組織對大客戶的基層人員的產品培訓工作，或督促、監督營銷人員加強這方面的工作。充分調動起大客戶中的一切與銷售相關的因素，是提高大客戶銷售量的一個重要因素。如吉奧滾筒洗衣機，在此方面做得就比較好。譬如，市口百貨公司，連續三年成為該洗衣機廠在此地區的最大客戶，且銷售額每年都在 500 萬元以上，作為一家中型商場，之所以能取得這樣驕人的業績，原因就在於，通過廠方的工作，該商場上到總經理，下到家電部、洗衣機櫃組，每個人都瞭解這個產品並樂意為此產品的銷售付出努力。

三、新產品應在大客戶之間試銷

　　大客戶在對一個產品有了良好的銷售業績之後，在它所在的地區對該產品的銷售也就有了較強的商業影響力，新產品在大客戶之間的試銷，對於收集客戶及消費者對新產品的意見和建議，具有較強的代表性和良好的時效性，便於企業及時作出決策。新產品的試銷企業應提前做好與大客戶的前期協調與準備工作，以保證新產品的試銷能夠在大客戶之間順利進行。

四、對大客戶施行政策傾斜協助

1.對大客戶的公關及促銷、商業動態給予足夠支援和幫助

　　大客戶作為企業市場營銷的重要一環，其一舉一動，都應該給予密切關注，企業應利用一切機會加強與客戶之間的感情

交流。如，客戶的開業週年慶典，客戶獲得特別榮譽，客戶的重大商業舉措等，企業都應該及時掌握資訊並給予支援或協助。

2. 企業高層拜訪大客戶

一個有著良好營銷業績的公司的營銷主管每年大約要有 1/3 的時間是在拜訪客戶中度過的，而大客戶正是他們拜訪的主要對象，大客戶經理的一個重要任務就是爲營銷主管提供準確的資訊、協助安排合理的日程，以使營銷主管有目的、有計劃地拜訪大客戶。

3. 協助不同大客戶設計促銷方案

每個大客戶都有不同情況，區域的不同、經營策略的差別、銷售專業化的程度等等；爲了使每一個大客戶的銷售業績都能夠得到穩步的提高，企業應該協調營銷人員、市場營銷策劃部門根據客戶的不同情況與客戶共同設計促銷方案，使客戶感受到他是被高度重視的，他是你們營銷管道的重要因數。

4. 制定大客戶的獎勵政策

企業應對大客戶採取適當的激勵措施，如各種折扣、合作促銷讓利、銷售競賽、返利等等，這可以有效的刺激客戶的銷售積極性和主動性，對大客戶的作用尤其明顯。

五、與大客戶經常進行有效溝通

1. 及時關注並徵求大客戶對營銷人員的意見，及時調整營銷人員，保證管道暢通

市場營銷人員是企業的代表，市場營銷人員工作的好壞，是決定企業與客戶關係的一個至關重要的因素。由於市場營銷

人員的文化水準、生活閱歷、性格特徵、自我管理能力等等方面的差別，也決定了市場或營銷人員素質的不同，企業應處理好與大客戶之間有業務的市場營銷人員的工作，不僅要協助，而且要監督與考核，對於工作不力的人員要據實向上級主管反映，以便人事部門及時安排合適的人選。

2.與大客戶及時、準確地傳遞資訊

大客戶的銷售狀況事實上就是市場營銷的「晴雨表」，企業一定要注意對大客戶的有關銷售資料進行及時、準確的統計、匯總、分析，通報生產、產品開發與研究、運輸、市場或營銷策劃等部門，以便針對市場變化及時進行調整。

3.組織大客戶與企業之間的年度座談會

每年組織一次企業高層主管與大客戶之間的座談會，聽取客戶對企業產品、服務營銷、產品開發等方面的意見和建議，對未來市場的預測，對企業下一步的發展計劃進行研討等等。這樣的座談會不但對企業的有關決策非常有利，而且可以加深與客戶之間的感情，增強客戶對企業的忠誠度。

大客戶管理，是涉及到企業的許多部門、要求非常細緻的工作，企業的銷售部門、運輸部門、產品開發與研究部門、產品製造部門等都要協調工作，滿足客戶及消費者的需要。大客戶管理工作的成功與否，對企業的營銷業績具有決定性和作用。

六、大客戶的付款管理

大客戶採購數量大，金額當然也就大，所以企業對於大客戶的付款的管理也是重要問題。

　　幾乎所有的企業在大客戶的付款問題上都非常難處理，雖然大客戶的銷售使公司銷售上去了，運營正常，獲得資金來源。但同時由於數額巨大，大客戶拖款、欠款問題也非常嚴重。

　　企業與大客戶交易時常見的大客戶的付款方式一般都是以拖款爲表像的後置式付款。大客戶經常是在貨物已經開始使用一定時間後才開始陸續付款。對於週期性購買的大客戶更是喜歡使用下次定貨付上次款的做法。而且即使付款也是分次付清。這對於銷售企業來說可謂是既高興又悲哀，既得罪不起，但資金又實在被嚴重佔壓。因此很多銷售企業對大客戶在付款問題上既愛又恨。

　　作爲銷售企業，要完全解決資金佔壓問題是不太可能的，雖然不能從根本上解決問題，但還是有些方法可以緩解付款問題：

1.利用降低價格措施來彌補付款漏洞

　　企業可以將一些價格讓步的措施與付款條件捆在一起。爭取在利潤損失可以忍受的前提下，將付款條件朝自己有利的一邊偏移。

2.儘量爭取預付款

　　對於生產型的企業，拿到訂單就意味著開始採購原料和相關設備，如果沒有客戶的預付款，那麼對資金的佔壓是很嚴重的。以原料爲由向客戶據理力爭是有可能獲得更好的付款方式的。

3.轉嫁資金壓力

　　對於很多銷售企業，在被客戶佔壓資金以後，爲了避免自己公司的危險，只能轉嫁壓力給自己的上游企業。在進行採購

時將付款條件限制苛刻，以佔壓對方資金來彌補自己。

4.嚴格審核客戶的信用度

這是任何商務活動時都需要進行的工作，千萬不急於銷售，忽略了對方信用審核，導致最後付款時發生危險。

七、大客戶的銷售：找對廟門燒對香

大客戶的組織結構複雜，影響決策的關鍵人物眾多，這止是他與其他中小客戶的最大區別所在。對銷售人員而言，大客戶銷售首先就要摸清對方的組織體系，找準關鍵人物。

大客戶中的「各路神佛」並不像生活中的佛陀那麼顯而易見，很多時候都是「隱身」的，而當你忽視了他們的存在時，就會突然跳出來讓你的努力功虧一簣。銷售人員要想找到你的「真神」也並不是件容易的事，你必須睜大雙眼，細心查訪，方能見到真身。

某移動集團是 HG 公司的一個大客戶，HG 公司每季的業績收入，30%以上都要由對方提供。某日，該移動集團欲定制一批手機，用於一項新業務的投放，此事交由採購部酌辦。

集團鄭總裁：熊經理，關於這批定制的手機規格，你可以向陳經理進行詳細諮詢。

工程部陳經理：這項業務關係我們集團的聲譽，一定要選擇最優的產品。熊經理，手機的價格不是問題，品位和品質才是第一位的。

財務部曾經理：陳經理這話就不對了，我就非常關心價格問題。預算對你來說是不成問題，對我們而言就是天大的問題。

陳經理，我們的預算有限，手機一定要選便宜的。

陳經理：哼！婦人之見！

技術部林經理：二位，先不要吵。從技術觀點來看，選擇的手機首先要合乎產品的品質標準，其次才是產品的價錢，畢竟品質是生命啊。所以，我認為選擇手機，一定要物美價廉，兩者並重。

鄭總裁：既然如此，那我們採購的目標就既要有品牌的保證，又不能超出預算。陳經理，這個艱巨的任務就交給你了。

次日，採購部馮經理給工程部打電話：熊經理，麻煩你給我制定一份詳細的規格要求，包括手機的配置、材質、數量……這樣我們就可以正式開始工作了。

熊經理：馮經理，沒問題，我派王助理過去，他具體負責這個項目，對這些比較熟悉。

（一）如何認清大客戶內部的「六尊真神」

銷售成功的關鍵就是要找到大客戶最看重的問題，然後再找出和這些問題有密切關係的每個人（見表 6-1），並運用自己的所有能力去影響他們，直到對方最終接受並採納你的意見為止。

1. 決策管理層（如集團鄭總裁）

此類人物是大客戶整個組織體系內的領導者，在大客戶採購中，他們通常是大型項目審批和採購的最終決定者，而他們關心的則是採購的宏觀結果和最終影響。因為他們的時間有限，通常不會參與採購，但是他們的每次參與一般就是在決定產生的關鍵時刻。

表 6-1　大客戶決策關鍵層

決策管理層			
使用部門管理層	採購部門管理層	財務部門管理層	技術部門管理層
具體使用人	具體採購人		

　　決策層購買心理動機：謹慎。他們的購買心理以理智為主、感情為輔。行動謹慎、疑心大，喜歡在更多瞭解市場信息、聽取各方意見後再做出決策。一般對得失分析週密、對不利局面的後果及影響相當重視。

　　銷售人員可以接觸到決策管理層的時機：

　⑴方案設計階段。

　⑵安裝實施階段。

2.使用部門管理層（如工程部熊經理）

　　這類人物是採購規則的制定者，他們的影響主要體塊在提出需求並確定需求的具體標準上。另外，他們還參與解決方案的評估和比較程序，管理安裝和實施等。他們或許不是產品的直接使用人，但他們負責管理使用該設備的部門和具體使用人，因此至關重要。

　　使用部門購買心理動機：衝動。使用部門作為產品的直接面對者，在採購時一般以直觀的感覺為主，很容易受到廣告以及宣傳的引誘，對採購的態度積極而且十分主動，但是缺乏理性思考。

3.採購部門管理層（如採購部馮經理）

　　他們是採購的直接負責人，主要負責實施執行採購具體工作，同時，也是商務談判的負責人，參與評估和比較產品，往

往對採購決策有決定性影響。

採購部門購買心理動機：專業。採購部門對採購的態度往往取決於對產品或品牌的瞭解和信賴，這是建立在專業知識和信任的基礎上的。在購買時，採購人員更多地根據過往經驗和平時對行業品牌的瞭解來做出判斷。

4. 財務部門管理層（如財務部曾經理）

這是管理和審批採購資金的部門，他們喜歡從「錢」的角度看待問題——這需要多少錢，我們是否能買得起？他們的建議會對決策管理層起到決定性的影響，通常採購的數額越大，這種影響也就越大。

財務部門購買心理動機：敏感。財務部門看待採購行為多是從經濟角度來考慮問題，並且對價格要素十分敏感，尤其對於財務收支的計劃性極強，對超出預算的支出通常採取強烈抵制態度。

5. 技術部門管理層（如技術部林經理）

這個部門在採購中主要負責系統設計，體現在對具體使用產品的選擇、使用管理和技術維護方面。他們瞭解相關的系統和產品，往往參與設計系統規格以及採購指標的制定。在整個採購流程中，他們參與系統設計、評估和比較、管理安裝和實施，他們的評價對企業的銷售成功往往會有深遠影響。

6. 具體實施者（包括使用人、採購人員及技術人員）

他們是採購的直接執行者，既是產品或服務的使用者和評價者，也是最先發現問題和困難的人。他們雖然與大客戶的採購決策過程並不直接相關，但往往瞭解大客戶的採購意圖，可以為銷售人員提供有價值的資料。同時，他們的意見有時也可

以給採購造成決定性影響。

　　銷售人員絕對不能忽視這些人的作用，因為只有借助他們你才能接觸到真正的決策者，也不要讓對方以為你繞開了他們，他們通常可能不會替你說話，一旦你觸犯了他們，他們就很有可能會花費很大的力氣去遊說決策者做出一些不利於你的決定。

　　如何打動採購人員？

　　採購人員對價格的關心遠遠高於對品質的興趣。你要想繞過他們直接和最終的使用者談，首先就要取得他們的信任，你可以告訴對方你這樣做的結果可以幫助他們減輕工作負擔。一旦對方認為你值得信賴，並且可以為他提供某種服務，接下來就會順利得多。

　　在大客戶採購過程中，處於不同部門的人各自關心的內容也不盡相同。他們都有著各自不同的需求，大客戶的採購部門因此會根據他們不同的要求進行權衡選擇產品。銷售人員因此也就必須認識到對方不同的人物在採購中所扮演的不同角色，判斷究竟誰是主要決策者，誰又是決策的主要參與者，誰的意見至關重要，誰的意見又處在邊緣地位。

　　試分析下面這段文字中，不同角色的人物的需求和在採購中所處的地位。

　　小紅帽公司向本市的各大賓館和飯店供應新鮮蔬菜，他們所面對的銷售對象是飯店的採購經理、廚師、食品部和酒水部經理。試問銷售人員面對不同的銷售對象，應該以什麼為主要需求進行銷售？

(二)如何在抓「大」的同時不放「小」

大客戶採購往往是多部門多人員介入，決策過程微妙、複雜，從中找到關鍵人物固然重要，但其他相關人物的作用也同樣忽視不得，抓「大」的同時不能放「小」，這樣方能穩操勝券。

有時，一個工程部的小小助理，因為被指定為項目的主要負責人，他的「身價」就不能同日而語了。在很大程度上，他執掌了採購的「生殺大權」，即使銷售人員「本領通天」，如果過不了他這一關，也只有失敗的後果。

為什麼別人會幫助你？理由是他喜歡你。

為什麼他會喜歡你？因為在你面前，他感到舒服、自在、有自信，他覺得你對他無害。

通常，人獲得自信的感受是通過比較得來的：你比較好，所以我就沒自信；我比較好，就會變成你沒自信，這是人之常情。每一個人都希望得到認同，得到自信，大客戶銷售中的「小人物」尤其如此。

銷售人員在進行銷售時，如果能讓對方的「小人物」都感到無害，他們就會喜歡你，自然也就願意與你交往，這是人之常情。因為，他覺得在你面前會得到自信與快樂，因此對他而言你就是個「好人」，而一個好人絕對是值得交往的。

銷售人員若想做到對人「無害」，辦法就是採取低姿態。

通常，銷售人員往往會給人一種非常精明的感覺，如果你給大客戶的採購人員留下這種印象可就十分危險了。因為他們在交往中就會對你「提心吊膽」，生怕你什麼時候就來一記「回馬槍」。所以，在銷售中，「揣著明白裝糊塗」反倒沒什麼壞處。

低姿態的另外一種方法就是壓低自己去墊高別人。這樣做

讓對方感到夠高大、有價值了，自然就不會踢開腳底下這塊「墊腳石」。做一塊合格的「墊腳石」，一定要時刻保持安穩，不能讓站在上面的人感到站立不穩，否則會被他拋棄。

　　總之，銷售人員在攻克對方決策層領導的同時，也不能放棄對基層採購人員的重視，一旦忽略這些採購中的「小人物」，或許你會付出慘重的代價。

4

某遠端教育公司的大客戶管理辦法

一、大客戶的工作概念

大客戶定義：

識別一：具有跨市級行業影響力的組織，如省市級教委或資訊中心、大型企業；

識別二：具有三年以上戰略合作意向及合作能力，甚至與有戰略聯盟意義的組織；

識別三：在協定中體現雙方的採購、拓展市場、合作項目計劃等內容及相關權益的重要條款；

識別四：協議有效時間以年計算，回款金額在 10 萬元/年以上。

二、大客戶的分類、級別及相關條件

第一級別：

　　類別1：教育部門類

　　定義：省市級教委會、電教館、資訊技術中心

　　條件：結為長期戰略合作夥伴，為我方提供各種參展、招標機會以及當地時間資訊化教育資訊為我方提供電教目錄

　　類別2：市場合作類

　　定義：與著名媒體、大型企業聯合推廣市場，進行利益分成

　　條件：媒體或企業有一定知名度，符合我方的用戶群聯合進行市場推廣，每年至少進行兩次聯手大型推廣活動，六期以上媒體宣傳回款額：10萬元以上/年

　　類別3：產品合作類

　　定義：校園網、城域網等硬體工程建設公司進行長期捆綁銷售以及項目合用

　　條件：1.公司每年4個以上校園網和城域網工程

　　2.合作期：兩年以上

　　3.把我方教學資源打包到校園網中，作為整體解決方案

　　4.回款額：20萬元以上/年

第二級別：

　　類別1：教育部門類

　　定義：區縣級教委會、電教館、資訊技術中心以及可深度合作的重點中學

　　條件：結為長期戰略合作夥伴，為我方提供當地學校資訊化建設情況與我方建立深度合作關係，成為示範學校

類別 2：市場合作類

定義：與媒體、中小企業聯合推廣市場，進行利益分成

條件：媒體或企業的用戶群與我方相同，聯合進行市場推廣，每年至少進行一次聯手大型推廣活動，三期以上媒體宣傳

回款額：5 萬元以上／年

類別 3：產品合作類

定義：研發與我方公司配套產品，如數位圖書館、網路考場等，進行捆綁銷售

條件：產品有一定的知名度和推廣力度，有一定的銷售網路，實現管道資源分享。

合作期：1 年以上

回款額：10 萬元以上／年

1. 大客戶工作目標

有效整合公司資源，滿足用戶需要，樹立公司公共關係及服務形象；

有效利用公司資源，策劃公司合作項目，開拓市場，樹立公司品牌形象；

建立公司戰略合作夥伴網路、合作模式，並不斷壯大；

爭取效益最大化，完成業績指標的同時保證公司利益，產有利於建設及長久發展。

2. 大客戶工作模式

(1)建立客戶群及網路結構：個數、級別、地方佔有率。

(2)長期合作關係及前景規劃：階段性目標。

(3)實施計劃方式：

①整事可利用資源、計劃拓展手段及管道。

②策劃成型的合作方案、進行推廣實施。

(4)費用控制、資金回收計劃：指標及報表。

(5)各類協議規定：協定分類、要素及模式。

3.**大客戶銷售管理流程**

內容：＿＿＿＿＿＿實施人：＿＿＿＿＿批准人：＿＿＿

計劃：

年度計劃、週報：───────────────→ 總經理

銷售政策：項目負責人與銷售管理部 ────→ 總經理

費用業績考核：銷售管理部 ──────────→ 總經理

協議及檔管理：銷售管理部 ──────────→ 總經理

相關客戶服務：銷售管理部

三、大客戶銷售政策及相關檔

銷售政策：級別、報價、折扣、支持

相關檔：分類協定、客戶資料、市場報表等

銷售政策	類別一： 教育部門類	類別二： 市場合作類	類別三： 產品合作類
級別一	報價：根據需求，靈活報價 折扣：3~6 折 任務：50 萬以上/年 支持：免費提供產品樣品	報價：市場價 折扣：3~4 折 任務：10 萬以上/年 支持：免費提供宣傳品，共同策劃大型推廣活動，市場費用共擔	報價：市場價 折扣：2.5~4 折 任務：20 萬以上/年 支持：我方可根據市場需求改進或定制產品技術支援

續表

級別二	報價：根據需求，靈活報價。 折扣：4~7折 任務：20萬以上/年 支持：免費提供產品樣品	報價：市場價 折扣：4~5折 任務：5萬以上/年 支持：免費提供宣傳品	報價：市場價 折扣：3~5折 任務：10萬以上/年 支持：我方可共用管道資源。

5

與顧客進行互動交流

　　企業要提高與顧客互動行為的成本效益和有效性。為使互動行為更加有效，應盡力以更自動、更具成本效益性的方式推動執行。為提高每種互動方式的有效性，只需收集相關資訊，以便更好地理解顧客的個人需要和更準確地評估顧客的潛在價值。

1. 電話管道

　　一提起電話管道，人們立即就會想到那些電話銷售員——當你正準備坐下來用餐時，他們會冒昧地將電話打到家裏來。但是，這些讓人不快的電話銷售只是公司利用電話管道很小的一部份。例如，僅在1997年，美國通過電話達成的B2B銷售額超過1580億美元，佔基於電話交易量的一半以上。現在，電話管道被利用於很多的方面，例如，技術支援，客戶服務，目

錄銷售的訂貨流程，為其他的管道發掘客戶，外向型銷售，和各種忠誠度、重覆購買調查等等。電話管道絕不是一種低成本、只具有有限銷售額和服務能力的營銷管道，而是一種多姿多彩的極具潛力的營銷方式：呼叫中心既作為銷售手段，也可作為客戶服務系統，更多的時候是兩者的結合。

⑴ TNT **快運**

安裝了呼叫中心系統，把公司的接聽叫中心與 12 個亞洲國家的顧客服務支援系統連接起來。

⑵ Marriott **公司**

世界租賃行業的領導者，花了 25 年時間建立了一個世界級的呼叫中心，用來登記房屋預訂、公司事務和重要會議。當許多地區性的連鎖旅店或是稍小一些的全國性的旅店還在以單個旅店為單位登記房屋預訂情況時，Marriott 公司電信中心的 2000 個電信處理員通過公司的整體租賃公司網路都要處理 50000 個電話登記房屋租賃情況。

⑶**航道**(Passages)**公司**

是亞洲飛行集團，它在新加坡和中國香港建立了呼叫中心。這個創意源於乘客在各種機場的服務台前提出各種各樣的問題，經常發生資訊上的衝突和混亂。因而新加坡中心特別搭建了乘客免費的熱線電話，當各地的顧客撥通了航道公司本地的電話時，它會自動接至新加坡的電話中心。工作人員將用當地語言應答。這樣就不會產生矛盾的資訊。該中心每天 24 小時服務，還裝備有 6 種語言的交互聲音應答系統。

電話管道之所以在某種程度上能夠在公司與客戶之間扮演一種更為微妙的角色，原因在於它能夠通過與客戶保持更為

頻繁的接觸而建立與客戶更爲牢固的關係。

　　BMW 公司的銷售人員通過電話管道跟蹤每一個購買該公司汽車的客戶和每一次進行的維修工作，電話訪變爲公司和銷售人員提供了豐富的客戶偏好和滿意程度的資訊。但更爲重要的是電話管道加強了公司、銷售人員和客戶之間的聯繫，並爲公司提供了一個能夠反映客戶願望和需求的產品日錄。公司加強了對客戶滿意度和忠誠的關注，正是它能夠從 2.0 世紀早期風雨飄搖的市場地位中復興，而成爲現今的市場領導者的原因。BMW 公司現在的銷售額是 1993 年的兩部。並躋身於世界汽車企業的第三位。

2. 網上營銷

　　營銷者可以用五種方法開展網上營銷：創建電子商店前臺；參與論壇；消息組和公告牌；網上廣告；使用電子郵件。

　　成千上萬的企業在網際網路建立了公司主頁——一個開放的功能表螢幕。亞太地區公司 38%。許多公司主頁作爲電子商店前臺，爲用戶提供廣泛的資訊。

　　公司的主頁試圖通過電子郵件、郵寄單、報紙和雜誌廣告、網上消息組把預期顧客吸引到其網址上來。各種公司使用贈券、問卷、遊戲和其他方法來要求用戶提供他們需要的資訊。關鍵是使用資訊和娛樂吸引流覽者經常訪問公司的主頁。這意味著公司應不斷更新主頁內容，使他們有新鮮感和刺激感。

3. 使互動越來越具成本效益

　　與個體顧客展開的每一次互動交流均會有成本發生。這其中包括直接的交易費用，也包括佔用顧客時間和注意力而產生的成本和不便。如果能夠按照顧客價值對其進行分極排隊，那

麼你就會在管理互動交流過程中採取更為理性的方式。一個極有價值的顧客很可能值得進行一次個人銷售拜訪，而一個不太有價值的顧客甚至可能不太值得打一次電話。

看看以下幾個例子。

思科公司例子。思科系統公司生產和安裝極為複雜的電腦路由器和轉換器，需要進行詳盡、設計優良的配置工作。結果，思科公司的銷售隊伍和支持人員常常為某個單一顧客的配置問題一次連續幹上幾週時間，客戶的 CIO(首席資訊官)和採購經理要反覆討論，最終，客戶的 CIO 採用大量易於出錯的文案工作描述其進展情況。

然而，思科已經通過其被為思科線上連接的網站精簡並加強了這一複雜的銷售流程。該網站使顧客可以不斷對自己的系統進行組配，隨時可以瞭解思科的產品和系統規範。他們從中得到的實惠也經常被引用為電子商務基本思想的一個例證。現在只需 15 分鐘的時間而非花上數週，一份整潔的訂單就可輸送到思科自己的後端生產和交貨系統之中。而且思科還讓顧客很容易就可以對自己的系統配置進行註冊，以便日後升級。這樣既節省了時間也降低了交易成本，而且還確保了顧客無需再次輸入配置資訊。現在該網站為每年價值數十億美元的交易帶來了方便，同時又消除高達數億美元的服務成本。與顧客間的關係也得到了加強，而且大大降低了顧客的叛離傾向。

惠普公司例子。惠普公司除了電話設備之外，還生產種類廣泛的各種測試儀錶，從 400 美元的示波器到 5000000 美元的晶片測試系統盡列其中。有些測試需要定期進行維護和校準，因此惠普同時也向顧客提供這項服務。在澳大利亞，惠普的測

試部門建立有一個網站，那些擁有許多台測試設備的客戶可以通過網站進行跟蹤，針對每台機器預測校準和維護時間安排，甚至還可以聯絡惠普公司排定現場工程師的訪問。這家公司還允許客戶在網站上註冊非惠普公司生產的測試設備，並跟蹤其運作情況。

　　福特公司例子。福特汽車公司正在爲其汽車車主建立一個網站，除了由此促使顧客更方便地與福特公司及其經銷商進行溝通外，福特正在考慮的基於互聯網的服務還涉及新車採購中的配置和定價、融資和租賃服務以及每輛車服務記載檔。如同其他汽車廠商一樣，福特的問題是查明一個顧客什麼時候「到市場上尋覓新車」，這是「戰略價值」資訊。儘管已經有相應的流程和統計技術針對某個特定個人何時進會到市場上尋購一輛新車進行粗略估計，但是惟一可靠的知悉途徑就是直接問這個顧客本人。然而，要想做到這一點，公司本身必須創建一種具有成本效益的維持對話算什麼，以及與顧客間日常互動交流的關係。

4. 使互動具有深度和精度

　　無論通過那種互動方式，強調與顧客間培育關係的重要性都是不可缺少的。

　　英國有家專門通過電話提供服務的第一直營公司(First Direct)，它通過電話滿足顧客的需求，讓顧客在其他銀行的現金機器上進行現金交易，成了一家極其成功的金融服務企業。這家銀行舉辦了一項面向所有新進電話員工的有趣訓練，強調了關係的重要性。每個新進員工均被蒙上眼睛，然後發給一個檸檬——就是那種普通的黃色檸檬。讓其握住檸檬一段時間，

逐漸瞭解檸檬的大小和手感，記住其各個隆起部份和裂痕、形狀、質地；接著，所有檸檬都被放回到一個筐裏，讓每個仍舊蒙著眼睛的新員從筐中拿回他剛剛熟悉的檸檬。這就是該銀行強調瞭解每位個體顧客重要性的方式，每個顧客都有獨特不同的個性，雖然互動本身只局限於電話交談，員工根本見不到顧客本人或直接看到顧客的臉。

另外，需要更及時、更充分地更新客戶資訊系統，從而加強對客戶需求的透視深度，更精確地描述客戶的需求「圖樣」。具體來講，也就是把與客戶每一次接觸放在「上下文」的環境中，對上次的接觸或聯繫何時何地發生、以何種方式發生、已經進行到那里心裏有數，這次的接觸就從這個「中斷點」開始，從而連出一條綿延不斷的客戶資訊鏈。

英國航空公司最近才採用了一套新系統對其顧客關係流程進行了升級，針對其全球系統內的每個地點的顧客的偏好，它都可以無縫傳送整合回應。然而，這一過程的啓動英航不是借助冗長煩人的調查、詢問其最有價值顧客有關座位偏好等方面的資訊，而是安裝了一套用於觀察其最有價值顧客並記住他們喜好資訊的系統。

承擔此項重任的，是一台現在安置在廚房內供機上服務人員使用的電腦。這就是用來更新顧客偏好資訊的設備。無論是飛行在速度爲 500 節的波音 747 客機上，還是巡航在大西洋上空 6 萬英尺高空以兩倍音速飛行的協和式飛機上，都安裝有這種設備。當然，英航一開始就使用了訓練有素的人員，向乘客提供彬彬有禮而又體貼入微的服務，但現在，同樣的這些人員還會記得特定的乘客請求，並運用他們的判斷力，有選擇地將

其觀察到的情況輸入到電腦裏。這樣就會更新顧客的檔案，以備未來的互動需要。

　　英航強調說，並非是電腦在指導機組人員，而是機組人員在指導電腦，以便將他們業已受到訓練要做的工作做得更好，也就是向乘客提供卓越的服務。

6

保留顧客的方法

　　保留顧客有兩種方式：其一是設置高的轉換壁壘。當顧客改變供應商將涉及較高的資金成本、老主顧折扣的喪失等時，顧客可能就不太願意更換供應商。

　　在亞馬遜購物的客戶都會享受到亞馬遜實實在在的價格折扣。亞馬遜正是通過這種折扣的方式使客戶堅信這是實惠的價格，起到吸引並留住客戶的作用。事實上，通過實惠的價格吸引客戶始終是亞馬遜重要的經營策略。亞馬遜總裁貝索斯指出，大部份網路商業相對於傳統商業來說是屬於規模化商業，其主要特徵是高額的固定成本和較低的可變成本。網上出售的商品由於沒有中間商的利潤截留，其價格應該低於傳統商店出售中的商品價格。拒絕提供折扣優惠是網上商業的一項極大錯誤。基於這種認識，亞馬遜被認為是世界上最大的折扣商，號

稱有多達 30 萬種以上的書籍可提供折扣優惠。事實上，亞馬遜提供折扣優惠的商品遠不止這個數字，有 40 萬種以上的商品，包括書籍、音樂唱片以及光碟等享有折扣優惠，折扣最高可達 50%。這種折扣率對於客戶的吸引力是顯而易見的。

　　另一種保留顧客的好方法就是提高顧客滿意度。就銷售的後續工作而言，最重要的是對顧客的反饋資訊作出及時的回應和正確的處理，因此我們可以通過售後服務留住老客戶。

　　售後服務是產品銷售的延續，同時也是建立良好顧客關係的行為延續。提供售後服務不僅是現代企業確保市場競爭力的必然要求，而且良好的售後服務本身也是留住客戶的一條重要途徑。它可以博得客戶的信任，促成客戶再次購買，使企業贏得市場，佔領市場。售後服務的好壞已經成為關係到企業生死存亡的大事。

　　售後服務從交易達成的那一刻已經開始。售後服務主要包括兩方面的內容：成交後應立即著手將進行的服務，和長期跟蹤服務。下面我們就這兩方面「成交即安排」、「長期跟蹤服務」進行探討。

1. 成交隨即安排

　　很多時候，我們就認為在與客戶就某一筆交易達成後應當儘早離開，與客戶再作無謂的交談可能會導致客戶生出新的疑慮從而威脅到交易的最終完成。這一思想在推銷界甚至被推崇為一項原則。但在這裏，有必要告訴你，許多情況下有些細節則必須予以闡明，諸如提貨的時間以及購貨條款等，推銷員就這些細節內容與客戶順暢地達成一致也很重要。

　　如果需要決策人必須和另外一個人一起答應某項購買，而

此人又不在現場時，你則需要提供一些額外的評判內容，以力求符合不在場的決策人的滿意。例如，一位妻子想要買一件傢俱，而這意味著此項交易不僅應該令這位妻子滿意，而且也應考慮到她的丈夫是否滿意，雖然他並未到場。因此，傢俱推銷商在提請成交時應該著意補充一些講解內容，以表明已將其丈夫的可能意見也考慮在內。另外，向買方描繪一幅擁有該產品後的生動圖畫也是很讓人滿意的。

2. 長期跟蹤服務

成交隨即安排是服務方應當做好的售後服務工作，也是售後服務的一個重要內容。但從我們期望通過售後服務達到留住老客戶的目的這一角度來說，我們的「售後服務」更偏重於長期的跟蹤服務。卓越有成效的跟蹤服務有這樣幾個優點。首先，它為你提供了個機會，從而可以瞭解客戶在使用你的產品或服務方面有何問題。如果確有什麼不當，或存在不令人滿意之處，你可以立即予以解決。其次，如果客戶感到很滿意，那麼則有再次獲得訂單的機會。第三，跟蹤服務還表明你是關心該客戶的，從而有助於發展與其的長期關係。跟蹤服務也並非一定要推銷員親自去做，一個電話或者一封感謝信也是可以的，只是在當一宗大買賣或是當回頭生意的可能性很大時，你才更有可能親自前往做跟蹤服務。以下提一些有助於你在跟蹤服務中能更有效地發揮作用的建議。

⑴核查訂貨

假如你想令客戶更加滿意的話，在每次發出貨之前，你應對組織貨源、該在何時發貨為宜等事項予以核查，讓客戶瞭解有關你為其所定貨物而作的準備工作的進展情況。一般而言，

這樣做都有很好的效果。

⑵主動詢問

這裏我們重點強調一個主動，也就是說，你應當在客戶收到你的產品或使用了你的產品後，主動地向客戶詢問，而不應等到客戶來找你，這一點很重要。如果你等著客戶來找你，那麼你就只會聽到或是看到表示非常滿意或是非常不滿意的這兩種類型的反饋。通常，在解決一些小問題的方面，兩種不同的態度，也會使客戶的滿意程度顯出很大的差別。形象一點說，當客戶在使用你的產品或服務中出現了問題時，你就應當如同一塊能傳出擴大聲響的共振板一樣發揮作用。

⑶提供必要的幫助

企業對自己的客戶應當提供必要的幫助，指導使用產品，以及如果該客戶是位轉銷商，你還可以提供某些有助於其轉銷交易的幫助等。幫助可以通過多種方式實現。如一次跟蹤性質的適宜的拜訪等，只要能夠達到提供幫助這一目的就行。

服務性的拜訪具有兩點好處：一是爲下一次的會面做了鋪墊，再則也是爲下一次推銷奠定基礎。你可能要指導客戶本人如何使用該產品，也可能要在場或者要在安裝中親自做指導。最後，如果你在場的話，你還可能會發現客戶從你這裏所購買的並非是其所需要的全部這一秘密。這樣你就可能立即就此向其提出補充訂貨的事宜。

強化客戶對購買產品的合理性認識。從我們自己的購物經驗出發，細心體會你就會發現，每次購物前你心裏都會產生這樣的想法：這次購買對嗎？我們把這種猶豫心理稱爲心理上的「不調和」。事實上，無論認識上處在何種層次，每一次的購買，

我們的買主同樣都會考慮他人決策到底對不對，也就是存在著所謂的「不調和」。而你就是要做到使買主能認識到其購買的合理性。這應體現在確定成交之後的步驟中。然後再通過跟蹤服務性的拜訪使這一主旨得到進一步加強，使買主徹底地深信其購買決策是正確的。

為減少產生不調和的可能性，你有這樣幾件事要做：你可以向客戶提供某些新資訊，以促使其購買決策的落實。比如，向客戶提供以前未告知給他們的額外的好處，你還要寫一封信，表明你是多麼高興將與他們成為生意夥伴，以及他們的決策是明智的，通過這些雙保證措施，來使客戶瞭解到你的確很關心他們，並且也為下次交易奠定了基礎。能夠同客戶保持聯繫的推銷員，都很有可能得到回頭生意。

允許提反對意見。良藥苦口利於病。在跟蹤服務中，服務人員應當對客戶的反對意見持歡迎態度，並允許客戶直接對你所提供的產品或服務提反對意見。這樣做有兩個好處：首先，講出問題有利於指明分歧之處，而且使客戶感到更舒服；其次，如果你瞭解這些問題的原由，那麼你就可能更及時地加以解決。

更新記錄。每一次跟蹤服務後需要更新你的客戶檔案內容，這是做好跟蹤服務的條件。應注意到那些新發展的或變化了的客戶。這既是為你的下次拜訪作鋪墊，也除去了為努力記憶細節而造成的緊張感。

體現你的可依賴性。這是跟蹤服務中一個最重要的內容，甚至是一個核心的內容。你必須對客戶信守諾言，做你說過的，並努力確保所有的細節都能被照顧到。在這一步驟上，將會顯示出一名優秀的推銷員與一名業績平平的推銷員差別。可依賴

性是贏得回頭生意所需的重要素質。只有從這種感受中客戶才
會懂得你是信守諾言和體諒他們的。

7

正確處理顧客抱怨

抱怨是一種不滿，一種憤怒，同時也是一種信賴和期待的
表現。客戶抱怨並不與留住客戶這一目標對立。但也只有企業
以正確的態度應對和及時有效的處理，才能化抱怨為滿意，使
客戶抱怨與留住客戶協調一致，順利達到企業預期的目的。

以誠相待。歸根結底，處理客戶抱怨的目的是為了獲得客
戶的理解和再度信任，這就要求商家在處理客戶抱怨時必須堅
持以誠相見的原則。

但需要強調的是，誠實的解決問題並不是惟命是從，而是
要先自問：「我方錯在那里？」如果真的有錯誤，那麼就應當想
一下該如何處理。

迅速處理。抱怨處理以迅速為本，因為時間拖得越久越會
激發抱怨客戶的憤怒，同時也會使他們的想法變得頑固而不易
解決。因此不可拖延，而應採取行動解決問題。

對客戶的抱怨表示歡迎。「客戶總是有理的」，這是銷售員
必須記住的一條真理。這裏說的有理並不意味著客戶總是正確

的，在實際的洽談過程中，客戶的抱怨往往是錯誤的，但即使是錯誤的意見，也必然反映了銷售過程中可能存在的偏差和不足，可以作為改進服務的基點。要記住，客戶的抱怨是最佳的資訊資料，即使花代價也值得。

　　站在客戶的立場上想問題。在抱怨無法避免的情況下，身為商家，必須站在客戶的立場考慮問題。這一原則性要求是商家對抱怨有效處理的條件。

　　在與客戶交涉時，一定要避免爭吵。一定要站在客戶的立場來考慮問題：「如果自己是客戶會怎麼做？會不會也提出不滿呢？」這種角色轉換往往會引發你發現許多以前從來沒有注意到的問題。對客戶的有效引導不僅能平息客戶的怒氣，而且能避免抱怨四處傳播，造成不良影響。

　　善待客戶的抱怨是松下公司贏得客戶支持的一個重要方面。松下公司對於客戶的抱怨是持嚴肅態度的。這種嚴肅態度包含了一些贏得客戶的必備因素：感謝、誠懇致歉並及時妥善的處理。

　　松下幸之助曾經說過，生意人應該把賣商品當作嫁女兒那樣來對待。女兒出嫁後，父母會時時擔心她婚後生活是否美滿。生意人若對客戶買的東西也有這樣的心態，就會發自內心地去關心客戶的需要，重視商品是否合客戶的心願。例如，會想到「客戶使用後是否覺得滿意」、「到底有沒有發生故障」、「應該去聽聽他們的意見」等等。如每天都能抱著這種態度做生意，就會跟客戶建立起超越純粹買賣關係的新型關係。一旦到了這種程度，必會贏得客戶的支持和忠誠，進而使生意日益興隆。

　　在松下幸之助總結自己畢生的經商心得時，曾寫道：「把

交易對象看成自己的親人」——惟有把客戶當成自家人，將心比心，才會得到客戶的好感和支持。也惟有如此，我們才不至於因客戶的流失而焦慮不安。

◎案例

英航重視客戶的投訴

英國航空公司在 20 世紀 70 年代至 80 年代初期是一個效益非常差且在客戶服務方面名聲很不好的國有企業。為了改變這一形象，英航對乘客的投訴予以特別關注。

首先，公司總裁下令安裝了錄影間，不滿意的客戶可以馬上走進錄影間，通過攝影機直接向公司總裁提出投訴。接著，英航耗資 670 萬美元，安裝時間一套電腦系統，用來分析乘客的喜好，目的是永遠留住這些乘客。這套系統有個很煽情的名字——「安撫」。英航聲稱:「過去我們忽略了客戶的投訴，使他們在投訴時面臨重重困難。例如我們要求那些來電投訴的乘客寫正式的信函，並一口咬定乘客違反了英航的規定，錯的是他們自己；但實際上乘客對這類規定一無所知。」

根據英航對乘客所做的調查，如果投訴得到妥善處理，67%的投訴乘客會再搭乘英航客機。算算看，如果一名乘客終身都搭乘英航的普通航班，這筆錢應該是多少？約 15 萬美元！真是一筆可觀的收入。照這樣算，妥善處理乘客投訴的努力，都是很好的投資。設立「安撫」電腦系統之前，英航收到的投訴信件堆積如山。而設立「安撫」電腦系統之後，只要將這些投訴信輸入電腦，並附上相關資料，如機票、行李收據、登機牌，「安

撫」系統就會按照客艙等級，乘客是否會訴諸法律，以及乘客的身份來對投訴進行自動排序。

　　耗資巨大的「安撫」系統有相當大的功能，它能夠在很短時間內對各類投訴個案提出處理意見，但如果客戶服務主管覺得不妥，他可以推翻系統的決定。以前，英航處理一件乘客投訴要花一個月的時間，而現在約 80%的投訴只要三天就得到圓滿的解決！英航的客戶調查顯示，乘客滿意率從 45%上升到60%。隨著滿意率的增加，因乘客投訴而進行的賠償也就大大減少了，乘客量穩步攀升。

　　「安撫」系統還能對普通投訴進行分類。經過分類發現，一半以上的普通投訴與座位分配、餐飲質量、登機被拒、吸煙糾紛、座位舒適度、票務、班機延遲、行李托運、服務中斷及登記服務有關。目前英航正在積極解決這些問題。

　　為了讓客戶的投訴在更大範圍內得到及時處理，英航日前正在其六大企業客戶的辦公地點安裝該系統的終端機，讓搭乘英航商務班機的旅客回到公司後也能直接向英航提出投訴。除了「安撫」系統之外，英航還制定了一系列其他的乘客反饋制度，包括盡可能經常詢問乘客的近況等。由於認識到乘客的投訴是最寶貴的商業資訊源，英航已經成為當今世界上最成功、最賺錢的航空公司之一。

8

大客戶管理會帶來利潤嗎

一、留住老客戶的理由

從成本或利潤方面而言，都有必要留住老客戶。

1. 為贏得新客戶的成本

首先我們應該認識到，贏得新客戶需要一些代價或成本。

有些成本是顯而易見的——最初試用和首批訂單的折扣，以及客戶強加的「啟動成本」。在有些市場中，供應商不得不「花買路錢」。例如，在美國向零售行業銷售時就表現得尤其明顯，供應商不但要提供優惠條件，還要花錢購買在商場擺放產品的空間，在換貨的時候還要購回存貨。很多美國供應商將這委婉地稱為「賣掉客戶」，可能更實事求是的說法應該是「買來客戶」。

故事還沒有結束。當一個企業改變供應商的時候，它要承擔中斷運轉期間的成本，或者採用新規格和流程所帶來的成本。為列印行業提供顏料和染料的供應商，或者為汽車行業提供油漆的供應商，都會注意到客戶的這些成本——而且會預期承擔部份或全部。有時這樣的成本是「隱藏」的，不容易看出來，而且表現為長期價格擔保或者信用延期等形式，但這些都

是實際存在的成本，需要加以考慮。

　　PPG公司經銷受損車輛維修時使用的油漆，這需要在任何時間、任何地點提供任何相匹配顏色的能力——這是一項艱巨任務，要求有很高的配色技能和重覆能力。例如，PPG公司任何一個供應商如果希望取代某種資料的現有供應商，都需要注意其產品可能用於上千種配色方案——而現有供應商的產品對這些配色方案都剛好合適。在沒有新供應商幫助的情況下，試驗和改變配方是一項艱巨的任務，可能對客戶而言甚至連想都不敢想。所有這一切都需要時間和金錢，應該由客戶和供應商共同承擔。

2. 為什麼要繼續留住客戶

　　在這個世界中，業務保障似乎每個小時都在下降，而取得競爭優勢或者獲得重要供應商地位就是和業務保障有關的問題。在各種趨勢的共同作用下，賣方的處境越來越困難，例如：

- 客戶之間的聯合導致了買方力量的加強；
- 供應商之間的聯合使競爭對手的力量加強；
- 很多買方都表示要減少供應商的數量。

　　減少供應商的數量，有時候稱為供貨源優化，已經成為一種趨勢。為了追求更高的效率、更低的交易成本、更少的存貨、更多的控制、真正的聯盟以及從供應商那里獲得更多的好處，很多採購組織都表示要減少供應商的數量。

　　不論出於何種原因——有時是為了追求真正的效率，有時只是一種讓供應商互相競爭的遊戲——供貨源優化意味著留住客戶已經成為一個至關重要的銷售目標。在成熟的市場中，這已成為生死攸關的問題。即使在上升階段的市場，這也和贏得

新客戶同樣重要——尤其關係到企業的盈利情況。

經常有人認為,與贏得新客戶相比留住現有客戶價值更大,至少可以帶來更多利潤。當然,留住現有客戶的所需要付出的時間和努力都要少一些,但是真能帶來更多的利潤嗎?怎樣能帶來更多利潤呢?

3. 留住客戶的好處

將贏得新客戶的成本與留住大客戶的成本進行權衡,就可以得到從長期看留住大客戶的好處。很多研究都已表明,留住客戶的時間越長,這些大客戶的盈利性就越好。當然這還取決於所在的行業,不過主要原因有以下幾個方面:

- 銷售額穩步增長,而折扣並不相應地增加;
- 隨著供應商在向客戶提供服務方面的經驗增加,運營成本會降低;
- 更好的預測可以提高生產和分銷的效率;
- 與客戶之間更融洽的關係有助於獲得該客戶的更多資訊;
- 從一個客戶身上所學到的東西對於與其他客戶打交道也很有好處;
- 通過該客戶的介紹或者以其自身的成功為典範而帶來更多的業務。

二、「義大利辦事處」的故事

某個經營高效塑膠製品的供應商是一家跨國公司,該公司荷蘭總部宣佈,在向某大客戶銷售時出現了虧損,因此敦促該

公司的義大利辦事處放棄這個客戶。當最終失去這個客戶之後，他們採用了一種新的利潤報告系統，新系統表明原先那個客戶的該企業盈利性最好的客戶之一。怎麼會這樣呢？

原來，原先的報告系統沒有按照客戶來計算利潤，卻記錄了義大利辦事處經銷的在荷蘭生產的產品，其價格低於總部的轉移價格。當總部審核義大利辦事處的帳簿時，發現在該客戶身上表現出了虧損。

新的系統放棄了轉移定價，而是按照真實成本記錄了整個歐洲市場的利潤。義大利辦事處結果成為所有歐洲辦事處中成本最低的辦事處之一，生產那種產品也是規模經濟最好的一種(這一點在轉移價格中從未體現出來)。不僅如此，那個客戶一直以來都預付貨款。

他們讓義大利辦事處找回那個失去的客戶，他們直到現在還在努力。

三、瞭解你的利潤率

有些負責客戶管理的人員不知道能從客戶那里賺多少錢，這主要有兩個原因：一是他們的企業制度使他們無法從客戶的層面進行精確的計算；二是即使能作計算，公司也因擔心他們向客戶洩漏消息而不提供資訊。

不論出於那種原因，顯然在這種情況下都不可能進行真正的大客戶管理。

均攤管理費用的例子：

最常見的問題是企業在各個客戶身上均攤管理費用。在考

察產品盈利性的時候他們也是這樣做的，甚至在不同事業部也是如此——這種懶惰的做法對決策同樣有害。請看下面的例子，如表 6-2 所示，某企業因均攤管理費用而丟了業務。

表 6-2　均攤管理費用的危險

	客戶 A	客戶 B	客戶 C	客戶 D	企業總計
毛利潤	100	81	60	50	290
管理費用	60	60	60	60	240
淨利潤	40	20	0	—10	50

該企業有 4 個客戶，只計算一個總利潤，管理費用的均攤表明在一個客戶上是虧損的，即客戶 D。企業決定停止與該客戶的合作。不幸的是，該企業並沒有根據該客戶的 60 個單位的客戶減少管理費用。不過管理費用確實減少了 30 單位，人們也為自己做了個明智的決定沾沾自喜，表 6-3 說明了現在的情形。

表 6-3　均攤管理費用的危險

	客戶 A	客戶 B	客戶 C	客戶 D	企業總計
毛利潤	100	80	60	×××	240
管理費用	70	70	70	×××	210
淨利潤	30	10	—10	×××	30

該企業仍然是盈利的，但現在客戶 C 成為虧損的對象。感到頭痛的董事會又聚在一起，決定採取行動。他們說：「將注意力集中於能帶來利潤的客戶。」於是客戶 C 也被悄悄地放棄了。但是不幸的是，管理費用並沒有相應地減少，如表 6-4 所示：

表 6-4　均攤管理費用的危險

	客戶 A	客戶 B	客戶 C	客戶 D	企業總計
毛種潤	100	80	×××	×××	180
管理費用	90	90	×××	×××	180
淨利潤	10	—10	×××	×××	0

　　我想你能猜到接下來又發生了什麼。

　　這個例子說明如果不瞭解每個客戶的盈利性，就不能做出針對客戶的決策。可能客戶 D 是一個能夠帶來利潤的客戶，而有問題的客戶是客戶 A(佔據資源)。如果他們瞭解貢獻的原理，也許……但是也許是不夠的。

　　答案在於需要按照某種活動進行成本核算，這樣一些活動的成本、人員成本、管理費用等等，都會更精確地分配到具體的客戶的身上。像管理諮詢企業、廣告公司、律師這樣的企業都會在某種程度上這麼做。他們銷售的是自己的時間，所以對這個時間會進行監控和收費。結果就是企業能夠瞭解其利潤來自何處，因而也能夠更好地做出與大客戶有關的決策。

四、終身價值

　　真正能夠衡量大客戶價值是我們所說的客戶「終身價值」。如果承認贏得大客戶的成本很高，就會看到留住大客戶的回報逐年遞增。留住大客戶的比率越高，終身價值也就越大。不僅如此，由於不用再投入那麼多的時間和精力來找回前一年喪失的客戶，贏得新客戶的成本也會因此降低。贏得新客戶應

該是真正的新客戶，而不是前一年喪失的客戶。

很容易看到，如果將喪失客戶的比率降低一半，實際上就會將所留住的客戶的終身價值增加一倍。表 6-5 說明了這一點。

表 6-5　「終身價值」

喪失率(年)	留住客戶的 平均壽命	利潤價值(名義)	「終身價值」
20%	5 年	1000	5000
10%	10 年	1000	10000

當然這只是個簡化的結果。可能你所喪失的客戶是盈利性最差的客戶——可能這是你讓他們離開的原因。可是不論什麼情況下他們都是最難以區分的，但是原則上還是值得記住的：真正重要的是客戶的終身價值，而不本年的結果。

你是按照終身價值還是按照本年的結果來衡量銷售業績呢？

我們把大客戶管理看做是一個過程，需要有長遠的眼光——管理未來——對於那些在注重年度目標和預算的環境中成長起來的人來說，這是很難達到的境界。但是即使在短期也是有收穫的。一個企業將留住客戶的比率僅僅提高 5%時所增加利潤的估計值。行業分銷公司的利潤可能會增加 45%，汽車保險公司可能會增加 84%，廣告公司受到的影響最大，其利潤將增加 95%。

第 七 章

針對大客戶的數據庫管理

1

為何要建立數據庫

一、建立客戶數據庫的理由

客戶是企業最基本的資產,而不是商品、服務或固定資產,沒有客戶,商品、服務乃至固定資產都將一文不值。信息就是力量,這就是藏在每一個客戶數據庫中的寶藏,而客戶就藏在這些數據當中,因此,客戶數據庫才是一座真正的富金礦。

必勝客(Pizza Hut)客戶數據庫的管理,可以在一天內完成40萬筆交易,為客戶數據庫作了一個最好的總結:

為什麼要運用客戶數據庫?畢竟我們只是賣比薩。答案是

因爲我們賣很多很多的比薩，一年有 48 億美元銷售額。我們用客戶數據庫來瞭解我們的客戶，並知道他們的慾求，客戶會改變，品味與習慣也會改變，我們必須與客戶保持聯繫，與他們聊天，傾聽他們的需求。我們通過客戶數據庫來瞭解：如何做才能在 5 年內將業績擴大一倍？與那些客戶打交道是最有利潤的？與那些客戶打交道又是最有機會的？情勢會有什麼樣的改變？

這些問題的答案都隱藏在積累起來的客戶數據庫中，通過它，我們可以：

1.幫助行銷人員找出最好的客戶；

2.開發新客戶，拓展新市場；

3.從現有客戶身上拓展更多的業務；

4.精確確定目標客戶群，調整行銷火力；

5.傳遞與產品交叉銷售相一致，以及與販賣附屬產品相一致的信息；

6.改進廣告、促銷等行銷溝通的做法；

7.提供客戶個人化的服務，等等。

如果把客戶數據庫看作是一個觀察站，在那裏可以仔細地觀察到客戶的實際行爲，那麼對客戶區域的分析，便可以比喻成星相研究。更妙的是，這種觀察、研究極具隱蔽性，讓你的競爭對手無法仿效。

對於未受過訓練的眼睛，廣闊的星空看起來似乎是模糊的，但對一名天文學家而言，星體的形態都清楚可辨。同樣的道理也可對應到消費者的宇宙——客戶數據庫當中。

顯而易見，隨著市場競爭的激烈程度與日俱增，企業自己

的客戶群體已經成爲企業賴以生存的基礎。不能很好地跟蹤客戶的變化，不能提前研究出客戶的發展態勢，就很難把握好向已有客戶銷售的時機。比如，客戶今天買進了一台雷射印表機，那麼3個月之後，這個客戶就可能需要購買硒鼓，如果沒有隨時跟蹤的數據庫，那麼，最好的結果是這個客戶向你提出購買要求，糟糕的結果是客戶從其他的經銷商手中購買了硒鼓，爲什麼不能在數據庫的提醒下，在客戶購買之前就主動向他提出購買建議而使客戶感受一次被呵護的感動呢？

歸納起來，建立客戶數據庫的理由主要有：

1.可以幫助企業準確地找到目標消費群體；

2.幫助企業判定消費者和潛在消費者的消費標準；

3.幫助企業在最合適的時機以最合適的產品滿足客戶的需要，從而降低成本、提高銷售效率；

4.幫助企業結合最新信息和結果制定出新策略，以增強企業的環境適應性；

5.發展新的服務項目促進企業發展，並促成購買過程簡單化，提高客戶重覆購買的幾率；

6.運用數據庫建立企業與消費者的緊密聯繫，從而建立穩定、忠實的客戶群體。

2

如何建立數據庫

在資訊發達的信息時代，一個組織成功的保證就是速度、靈活性以及前瞻性。現代企業必須有一個行之有效的管理機制，使之既能有效監控組織運作，又能下放決策權以回應競爭形勢的變化，有效利用意外的機會。如何才能保持控制和靈活之間的平衡呢？一個最核心的要素就是共用知識。

1.用明確的需求驅動數據庫

最成功的數據庫往往產生於正經歷重要變革的行業，比如公用事業。在公用事業行業，長途、市話、移動電話及電報服務正在融合，在許多這類公司裏，重大的商業變革在所難免。一開始，這個數據庫就擁有一群身份明確的用戶和一套具體的商業問題，設計數據庫就是為了回答這些問題。一個公用事業公司可以通過增加現有的內部成本數據和競爭對手的成本數據以及制訂收入計劃書，卓有成效地提升它的數據庫。它創立了一個按設備類別及使用年限進行成本分析及利潤分析的典範。

過去，設備管理人員不需要對利潤負責，如今，他們有了根據潛在的價格變數採取可降低成本措施的知識，從而使他們在支持資本投資決策方面變得更主動，因為這些決策會使他們

的設備比競爭對手更高效。具有競爭力的數據及樣本分析是公司制定戰略方向的直接依據。這些重要知識在公司上下廣泛共用，不僅提高了公司的整體知識水準，而且使公司爲快速應變做好了充分準備。

2.數據庫必須與商業目標一致

在創建數據庫的過程中，一個重要的步驟就是創立一個信息架構方案，使公司的商業目標與所需要的數據保持一致。看看制定架構方案的三個基本要素：基於商業目標的數據庫將包括什麼樣的數據？要支持數據庫，必須對基礎設施做怎樣的改變？採用怎樣的信息傳遞機制？

通過建立模型，檢測數據庫中包含的數據能否有效支援目標，可以證明其包含的數據是否得當，還缺少那些數據或那些數據難以得到。在此，建立的模型是否恰當是關鍵。

例如，在典型的行銷數據庫中，通常假設包括所有人口統計學資料。然而，開發數據庫的一個更有效的方法，是使用建模工具對數據樣本進行分析，從而確定那些最可能影響到商業目標的參數，這些參數應該是第一階段最重要的內容。這種方法簡化了數據庫的結構，並大大減小了數據庫最初的尺寸。這樣，數據庫的效果很快就會顯現，而且不會抑制其性能，其他特性則可以在以後需要時再加入。

然而，企業往往急於在實施數據庫的初期，就囊括所有可能的數據，這是不必要的。通常，歷史數據可以以高度概括的形式保存，具體細節可能並不那麼重要。通過創建信息架構方案，就可以明確必須要包含那些數據了。

接下來，就要修改有關過時的處理系統。

最後，要保證該信息架構方案能夠成爲從數據庫獲取信息的應用軟體的基礎。一般來說，需要多種應用軟體才能滿足廣大用戶需求。分析人員需要功能強大的工具爲數據建模，可能會需要一些專用的工具軟體。而其他人，如經理和行政人員，只需要一個網路流覽界面，能隨時隨地獲取基本信息就行了。

3. 建立數據庫的原則

客戶數據是整個數據庫的靈魂，在構建客戶數據庫的過程中，也有原則可循。

⑴ 盡可能地將客戶的完整資料保存下來

現在的數據庫具有非常強大的處理能力，但是無論怎樣處理，原始數據總是最爲寶貴的，有了完成的原始數據，隨時都可以通過再次加工，獲得需要的結果，但如果原始數據缺失嚴重，數據處理後的結果也將失去準確性和指導意義。

⑵ 將企業自身經營過程中獲得的內部客戶資料與其他的管道獲得的外部資料區分開來

企業內部資料主要是一些銷售記錄、客戶購買活動的記錄以及促銷等市場活動中獲得的直接客戶的資料。這些資料具有很高的價值，首先，這些資料具有極大的真實性；其次，這些資料是企業產品的直接消費者，對公司的經營的產品已經產生了理性的認識。外部數據是指企業從數據調查公司、政府機構、行業協會、信息中心等機構獲得的，這些數據最重要的特徵是數據中記載的客戶是企業的潛在消費者，所以是企業展開行銷活動的對象。但是，這些數據存在著真實性較差、數據過時、不符合企業要求的問題，需要在應用過程中不斷地修改和更正。

⑶**數據庫管理的安全性，確保記錄在電腦系統中的數據庫安全地運行**

如果這些數據意外損失或者外流，將給企業造成難以估量的損失，因此需要嚴格地加強安全管理，建立數據庫的專人管理和維護機制。

⑷**隨時的維護**

數據庫中的數據是死的，客戶的動態是活的，企業要想充分享受數據庫帶來的利益，千萬別怕浪費精力和金錢，一定要盡可能地完成客戶資料的隨時更新，將新鮮的數據錄入到數據庫中，這樣才有意義。

4.收集客戶資料的來源

收集客戶數據的來源主要有兩個方面：

一個是企業在經營中獲得的客戶數據，這部份數據是最重要、最真實的，同時也是企業投入成本最多的數據資料。這些數據獲得的方式是電話銷售、客戶面談、銷售記錄、促銷、市場調查等，這些資料的獲得需要較長的時間，需要花費較大的精力和資金，因此，這部份資料的管理和開發，是企業至關重要的部份，也是建立客戶數據庫的最根本的需求。

第二個來源主要是通過第三方獲得的客戶數據，比如從行業協會獲得的調查數據、政府機構的調查結果、專業調查公司的數據等。這些數據中的客戶大多數是潛在的客戶，同時對於資料來源的真實性，獲得者是無法在購買前完全獲知的，因此，許多數據是不真實的，需要做抽樣調查，從而提高數據的有效度。

有了客戶的資料，下一步就是怎樣來加工數據，從而獲得

相應的結果。在數據庫中，通常將客戶分為幾個類別，比如 A
類的客戶每年的消費標準是怎樣的，B 類客戶又是如何；A 類或
B 類客戶的消費習慣和決策過程是怎樣的，消費週期如何？不
同的企業，關心的重點略有不同，但是有了完整和真實的原始
數據，這些需求總能夠從數據庫的分析中得出結論。

3

提升客戶的層級

「提升客戶」是把盈利能力差的客戶變成盈利能力強的客
戶，也就是提高他們的客戶層級。「升級魔方」就是提升客戶的
一門藝術，它可在客戶層級模型的各個層級發揮作用。

把黃金層級客戶變成鉑金層級客戶最重要的是，要求企業
要完全瞭解這些客戶以及他們的需要。在產業市場中或 B2B 市
場中，如果企業銷售力量較強，那麼，通常這種要求已經達到
了。銷售人員知道某些客戶的生產前景好，因此要保持與客戶
的長期聯繫，預測客戶未來的需要。因為企業能開發出滿足客
戶需要的產品，能找到現成方法把客戶服務得更好，且能在恰
當時間以恰當方式與客戶進行溝通，所以這些客戶的聯誼活動
一旦成功，就能把客戶轉變成高層級客戶。

當企業的客戶數量很多時，把黃金層級客戶轉變成鉑金層

級客戶的過程看起來十分複雜，但基本思路是一樣的：建立起客戶的信息檔案，這是企業成爲全面服務提供商的基礎。它需要收集和匯總現有客戶與企業交易歷史過程的有關信息，包括購買習慣和客戶滿意信息。換個角度來講，建立客戶信息檔案需要實施非常個性化的客戶研究，如個人訪談或客戶期望討論會。僅僅當企業完全理解了黃金層級客戶之後，企業才能制定出有針對性的策略把他們轉變成鉑金層級客戶。企業還要知道許多詳盡的客戶知識，要懂得客戶看重什麼，要瞭解掌握價值資產、品牌資產和維繫資產的運作機理。

里茲‧卡爾頓公司是一家高檔豪華的酒店連鎖機構，一旦旅客在該酒店住宿達到一定貨數，該酒店的電腦程序會建立起客戶的個人信息檔案，包括客戶的喜惡和偏好。旅客住宿過的每一家里茲-卡爾頓酒店，催員都會記錄下從該旅客那兒獲得的信息，並輸入到電腦程序中去，於是旅客登記住宿的每一家酒店都可獲得這些信息。通過這種方法，即使客戶以前未曾在某家里茲-卡爾頓酒店住宿過，它也知道這名旅客是否喜歡羽毛枕頭，是否需要大號床，是否需要會議室，甚至知道房間服務是否滿足旅客的偏好。這些特殊服務使旅客願意在整個旅途中都選擇在里茲-卡爾頓酒店住宿，而不會選擇別的酒店。從而就把旅客從黃金層級客戶轉變成鉑金層級客戶。

4

提升客戶的四個要素

　　客戶資產的四個推動要素都能用來把黃金層級客戶轉變成鉑金層級客戶。

一、如何提升價值資產

　　家庭用品公司是美國五金工具行業的巨人，它能把好客戶變成優秀客戶，即把黃金層級客戶轉變成鉑金層級客戶。家庭用品公司是家經營五金工具非常成功的超級商店，向客戶層級模型中所有層級的客戶銷售產品，如今它有了一個針對高層級客戶的策略。這個策略主要針對兩類目標客戶：傳統客戶和室內裝修專業人士。前者想進行大裝修，後者包括公寓經理、大廈物業經理和連鎖酒店經理。總體而言，這些客戶每年裝修開支達 2160 億美元，家庭用品公司希望通過提升價值資產來使客戶把所有錢都花在該公司的連鎖店裏。家庭用品公司的策略是成為全面服務提供商，為客戶提供他們可能需要的一切產品。

　　這個策略的基礎是 Expo 設計中心的建立。該設計中心提供產品的尺寸，在成品展覽室裏陳列產品。家庭用品公司不僅

僅提供釘子、錘子和磁磚，而且為客戶建立一個房屋裝修的模擬空間。

　　上月，當我踏入佛羅里達州丹佛市家庭用品公司 88000 平方英尺的連鎖店後，還真是有點暈頭轉向。裏面有近 20 個裝飾完好的廚房，家用電器十分合我的胃口，進口的磁磚、燈飾和大理石地板，目不暇接。我面前有許多浴盆成品，綴有銅質水龍頭。一切都如此完美，如此誘人，我恨不得把這些東西都帶回家好好享受。天花板掛滿閃爍的吊燈，房間的左面飾滿古董（當然，它們也可銷售）。在房間角落，我看見一台價值 5000 美元的 Sub-Zero 牌電冰箱、7500 美元的 Dacor 牌爐竈、8000 美元的 Wolf 牌和 Viking 牌煤氣烤架，以及 8500 美元的 Aquatic 牌浴盤。哎，除了 Hom Depot 沒有其他地方有如此美好的感受。

　　房主需要大裝修之前，通常會召集一大群承包商和設計師，然後分頭多次購買，買齊磁磚、窗簾、家用電器等等。如今，所有這些產品在 Expo 都可以買到，客戶不用再到其他商店購買東西，可以說 Expo 設計中心是家庭大型裝修的一站式購買首選之地。「另外，擁有行業認證資格的設計師和項目經理會從頭到尾監督整個裝修過程，客戶不再需要普通的承包商了。」在這種情況下，黃金層級客戶就變成了鉑金層級客戶，這些客戶能在家庭用品公司買到他們想要的一切產品，家庭用品公司儼然成了一個全面服務提供商。

　　另外一個例子來自服務行業，美國汽車協會也變成了全面服務提供商。該協會與客戶保持鉑金層級式的關係，是美國最賺錢的保險公司之一。美國汽車協會的目標市場（美軍官兵及其家屬）非常特殊，它為這個目標市場提供保險服務和金融服務，

滿足這個市場上客戶的長期需要。事實上，美國汽車協會的目標是「考慮官兵職業生涯中發生的事件，然後找到方法幫助他們渡過難關」。

　　加強企業與客戶關係的最好例證發生在海灣戰爭期間。那時，美國汽車協會鼓勵被送往波斯灣的官兵降低他們汽車保險的等級，這樣可以節省費用。例如，如果他們遠赴波斯灣而他們的汽車只是停在車庫裏，那麼他們就不需要爲汽車交納保險費了。並且，當某家庭有兩部車且有一個遠赴波斯灣時，美國汽車協會向這種家庭收取一輛車的保險費，但受保的是兩輛車。類似的活動清楚地表明美國汽車協會對其成員的承諾，通過提升價值資產把客戶轉變成鉑金層級客戶，並維繫客戶的鉑金層級地位。

　　提升價值資產，從而把客戶從黃金層級轉變成鉑金層級的另一個好方法是提供外購。這種方法常常更多地用在 B2B 情形中，如今，外購的功能包括薪水支付、會計服務、維修服務、信息管理服務，甚至人力資源服務。在每種情形中，提供這些外購功能所發生的非貨幣成本削弱了企業的核心優勢。例如，爲了不落後於信息技術的發展，企業必須不斷地維護系統、修復硬體和軟體問題、保留合格員工，所有這些都是企業實現真正目標的阻礙。在這些外購或其他外購情形中，供應商企業能爲客戶實現這些功能，提升企業客戶的資產，提高客戶的盈利能力。這樣，客戶就能忠誠於企業，企業業務發展也很穩定，對企業而言，客戶也會更有價值。

二、如何提升品牌資產

　　女性成衣市場上，只有少數幾家企業「擁有」客戶。有些客戶購買市場上的主導品牌，我們可稱這些客戶爲鉑金層級客戶。不過，作爲全球最大的女性成衣製造商和行銷商的 Liz Claiborne 公司，它曾應用品牌資產來提升客戶的層級。

　　首先，這家公司採用許多品牌資產策略，通過品牌與客戶溝通來建立起客戶與品牌的密切關係，從而樹立起了很強的品牌聲望。Liz Claiborne 公司瞄準 40、50 年代出生的女性，是最早以這個人群爲目標市場的公司之一，真正瞭解這些客戶以及她們的需要。例如，Liz Claiborne 公司認識到她們是健康的一代，不想變胖，於是生產那些看起來十分苗條的服裝，儘管客戶也會增肥那麼幾磅。公司使目標客戶相信只有這家公司才真正瞭解她們，從而與她們建立起情感的和理性的聯繫。

　　那以後，Liz Claiborne 公司十分成功地延伸其產品線：Liz Claiborne 牌職業裝、休閒裝和胖夫人裝。不久，該品牌就能爲客戶提供所有服裝。這家公司的品牌策略很成功，還把產品延伸到箱包、皮鞋，甚至延伸到香水上。Liz Claiborne 就是專門爲這個女性群體而出的品牌，這種品牌感覺非常強烈，以至於許多女性實際上就從這家生產商購買所有的服飾。客戶與 Liz 的關係十分親密，她們對 Liz 品牌十分忠誠，不願穿其他品牌的服裝，甚至不願購買其他公司的服裝。

三、如何提升維繫資產

如果向客戶提供的服務能巧妙地設計到企業的服務遞送系統之中，那麼，就能建立起結構化關係（或學習關係）。通常，為客戶提供個性化服務能建立起結構化關係，這些個性化服務以技術為基礎，可使客戶的效率更高。

聯邦快遞公司就是一個重要的例子，它成功地開發了一套系統。該系統是一套電腦硬體和軟體系統，聯邦快遞公司把它送給大客戶，有了這套系統，大客戶相當於在公司內有了一家聯邦快遞公司的分支機構，可以自行創建客戶清單、貼標籤、跟蹤包裹的遞送路線。客戶企業與供應商做生意十分便利，以至於他們不必耗費更多時間和精力與競爭者交易，這是此系統與所有結構化關係的思想。儘管該系統已經根據以網路為基礎的技術進行了擴充，但是結構化關係仍然存在。通過維繫活動，客戶與聯邦快遞公司的關係越來越緊密，客戶對聯邦快遞公司也十分忠誠，從而能給聯邦快遞公司帶來更多利潤。

巴克斯健康護理公司（Baxter）是 B2B 市場中結構化關係的另一個例子。作為醫院的供應商，這家公司找到方法來改進醫院的供應、訂貨、送貨和付款系統，這大大提高了他們的價值。他們發明了「醫院訂單平臺處理系統」，意思是說送往醫院的所有產品項目都貼有標籤，很容易鑑別出來。把不同的託盤組合在一起，就能反映出各家醫院的庫存情況，因此，各類供應商不是根據統計數據來成箱成箱給醫院送貨，而是根據託盤給醫院送貨，這樣能適應各家醫院的分銷情況。通過價值鏈服務，

該公司把醫院聯結在一起，構建數據庫訂貨系統，在實際運送中向客戶提供額外價值，這樣，公司與全美 150 多家醫院建立起了結構化關係。除了提供價值鏈服務之外，巴克斯公司估計這套系統每年爲客戶平均節省 50 萬美元。

有關研究清楚地表明服務問題和客戶不滿意會導致客戶流失。因此，針對鉑金層級客戶，企業要使用最得力的方法找出什麼時候出現服務問題，然後迅速而完美地解決。這是很重要的。最有效的策略可能是服務保證，即企業承諾客戶他們會對服務滿意，或出現服務問題能得到某種形式的等量補償。儘管存在許多形式的服務保證，涵蓋服務的不同方面（最後期限、微笑服務、可靠性），對優秀客戶而言，最重要的服務保證類型是全面服務滿意保證。但是，對黃金層級客戶而言，最好的服務保證類型是滿意保證，承諾出現問題時能迅速給予解決。服務保證應該很明確，舉例來講，這些保證應能很便利地爲客戶服務，收費也很明確。這樣，黃金層級客戶就沒有理由流失，而願意留下來，從而轉變成爲鉑金層級客戶。

四、升級「黃金客戶」

「升級魔方」也能把普通客戶（盈利能力差的鋼鐵層級客戶）變成有價值的客戶（盈利能力強的黃金層級客戶）。把鋼鐵層級客戶轉變成黃金層級客戶的途徑很多，前提是找出對鋼鐵層級客戶來說最重要的推動要素，不要假定對黃金層級客戶很重要的東西對鋼鐵層級客戶也很重要。然後，把精力集中在影響鋼鐵層級客戶滿意和購買行爲的因素上。

　　對於低層級客戶，通常沒有太大必要去努力使每位客戶都很滿意。相反，重要的是找到該層級中客戶關係的主要推動要素。改善鋼鐵層級的主要推動要素（態度）來增加新購買的發生率和購買量，從而把鋼鐵層級客戶轉變成黃金層級客戶。一旦找出這些因素，就能應用提升客戶資產的三大策略之一來提升這些客戶的盈利能力。

　　鞏固與客戶關係的最好方法之一是向客戶提供卓越的服務。民軟公司（PSC）以其「非比尋常的客戶服務」而遠近聞名，幾乎 100%的客戶都被它維繫住了。這家公司擅長於人力資源、會計、製造流程和其他系統的複雜管理軟體的開發。儘管與 Oracle 公司和 SAP 公司存在競爭，但它還是有獨門奇招的，能把鋼鐵層級客戶轉變成黃金層級客戶，通過風險成本和心理成本來提升企業的價值資產。該公司的 CEO 授權員工可以做能滿足客戶和培養客戶關係的一切事情，他本人也花大量時間來瞭解客戶的需要。企業的每位客戶都有專人負責，在公司內代表客戶，這些人被稱爲「客戶經理」，其工資和報酬不按銷售收入核算，而是按客戶滿意程度來核算。

　　根據從客戶那兒掌握的信息，民軟公司也減少了客戶許多重要的非貨幣成本，這些非貨幣成本發生在成套產品的不成功安裝、人員培訓以及維修支援上。民軟公司的客戶對其所提供的服務和無障礙操作感到十分滿意，因此願意留下來，從而轉變成爲黃金層級客戶。

第 八 章

針對大客戶的品牌策略

1

針對大客戶的品牌推廣

　　一個成功的品牌使購買者或使用者獲得最能滿足他們需要的價值；它的成功源於面對競爭能夠繼續保持這些價值，形成某種與眾不同的競爭優勢。隨著大客戶的核心產品優勢慢慢消失(如專利到期)，不同供應商之間就很少能形成價格差異，在成熟的大客戶市場上普遍存在著價格競爭的壓力，對於供應商來說，停止普通化趨勢的營銷努力是大客戶策略的關鍵。大客戶市場上的產品差異化很難，而對於通用品來說，價格是主導的購買標準因為供應商提供的商品都基本相同。為了跳出價格惡性競爭的圈子，大客戶供應商必須以打造企業整體品牌為

突破口，從客戶心理、情感、精神的角度樹立某種差異化的競爭優勢。

我們對大客戶品牌推廣的策略必須從影響客戶購買策略和資訊來源的方面來定位我們的推廣招數。

一、產品質量是品牌的生命

產品質量是品牌的「生命線」。品牌產品首先要以高質量爲基礎，沒有超強的質量樹立品牌，無異於在沙灘上建樓閣。但是，要創立品牌產品，僅僅靠推行質量標準和確保質量水準是不夠的，還必須得使產品具有質量特色。而要建立自己的質量特色，就需要尋求質量改進的突破口。

要提高產品質量，就不能停留於一般質量標準上，而要從大客戶市場需求出發，深入瞭解客戶質量的要求。產品質量評價以下幾個尺度：

1. **選擇性**

能滿足不同層次的要求，產品的檔次和類型多樣化，可以有更多的選擇。

2. **耐久性**

在使用壽命到期後，產品不值得修理。

3. **美學性**

質量好的產品體現了協調與和諧，聲音、味覺、嗅覺、感覺、觸覺等方面給人以舒適清新的感覺，同時，產品可以展示不同的美。

4.功能性

可以用量來表現的操作特徵。

5.可靠性

越是耐用消費品要越可靠，一個產品，如果在維修上花費很多，就要考慮可靠性。

6.服務性

產品易於修理，維修人員要勝任，對顧客有禮貌，體現速度和效率。

7.符合性

符合通行標準及有關法規。

8.聲譽性

人們向來崇尚有名譽的公司，追求品牌產品。聲譽和品牌是產品質量好的顯著標誌。

二、專業媒體鎖定顧客

對於大客戶市場來說，大客戶少而集中。所以媒體的選擇必須考慮媒體的受眾與目標顧客的吻合程度，不是看絕對收視率或發行量，而是要看有效的覆蓋率。大客戶的採購屬於專家型購買，客戶的工程技術人員會關心本行業的發展動態，客戶所在行業都有相應的專業雜誌報紙，例如三一重工就重點在《施工機械》、《建設》等雜誌上做針對性的廣告宣傳，這樣直接滲透到潛在客戶那里。

從企業的操作層面來看，要注意幾個關鍵性問題：一是媒體的選擇要以客戶中的發言權威爲中心，以他喜歡的媒體爲轉

移；二是技術語言要巧妙的轉化爲營銷語言；三是加強與潛在客戶的雙向溝通，可以通過設計有獎問答、虛心請教等方式與客戶互動，以便得到潛在客戶的資訊及時增進瞭解。

三、公關宣傳文章力量大

首先要把握文章的特點：

(1)淡化商業痕跡，做到在商不言商，先交朋友後談生意。

(2)細水長流，滴水穿石，不求功於一役。

其次要弄清楚好的彈性文章應具備的要素：

(1)標題要有吸引力。

(2)文章要有趣味性。

(3)內容要有可信度。

而寫好軟性文章的訣竅在於：

巧設懸念勾人心；奇句起筆有力量；說出顧客心中的渴望。提示顧客煩惱。彈性文章可以發表在客戶所在地的大眾媒體或行業媒體上。

例如遠大集團與美國能源部、法國燃氣公司、美國橡樹嶺國家實驗室、美國馬里蘭大學等機構建立了較緊密的合作關係。公司領導近年來連續三次出席《財富》全球論壇、四次出席《世界經濟論壇》，並在大會上就經濟、環境和企業管理作專題發言，增進了中外交流。技術骨幹多次在「世界燃氣大會」、「世界空調及室內空氣質量大會」及香港地區、美國、法國等國的空調或能源大會上做專題發言，在一定程度上推動了全球節能、環保的進程。遠大把這些極具新聞興奮點的事件都通過

有關媒體巧妙地做了傳達。在這樣一個資訊時代，會做，還要會說。

四、社會榮譽顯公信

在企業的經營過程中，企業爲社會用心所做的創造性工作取得了成就，各級政府、各種行業協會、新聞媒體等會肯定企業、授予榮譽，評選典型人物或先進事蹟。如果企業本身業績有目共睹，就應該巧妙利用這些外部資源提升自身企業品牌的知名度和美譽度。例如大多數跨國公司把「本土化」作爲在當地國生存發展的一條重要原則。核心是關係本土化，包括與當地政府、合作夥伴、客戶和消費者的關係。成功的公關戰略是跨國公司順利實現關係本土化的重要途徑。

五、展覽會上顯實力

各行業一般都舉行定期的展覽會。例如在工程機械行業裏，全國各地以省爲單位每年都要舉行建築、工程機械展覽會，工程機械商貿網定期發佈展銷會資訊:「展位將根據產品分類安排，設專業展區，在會採取先付款先安排的原則進行，組委會有權對未付任何款項的展位取消或移動，有關企業簡介、重要詳情、特殊要求等一律隨合約提供給組委會。」企業不能局限於舉辦單位提供的常規武器，如「會刊、門票廣告，展期氣球、布幅、報紙、電視等其他廣告。特裝展位的搭建和設計，必須進行獨特的創新，方能顯示公司品牌的實力和形象。

1. 前期活動

會前活動，包括公關活動以及提前識別可能的客戶並給其
發送特別邀請，可利用展覽營銷的會刊、展前快訊、展前的媒
體宣傳等手段來擴大企業的影響力，吸引更多的目標客戶。

2. 中期活動

是決定企業參展成敗的決定因素，主要包括層位的選擇、
展臺的佈置、展品的選擇及其展示方式、展臺的人員配備、洽
談環境以及展會相關活動等。

展位的選擇具體涉及層位的位置、面積大小的決策。展位
的選擇一般是根據人潮在整個會場移動方向來考慮：層位面積
通常為 9 平方米，稱為層位。值得說明的特修展位，也稱為自
由布展區，指展位面積超過 4 個或以上標準展位的面積時，企
業可以只預定地面，其他的裝修則可以根據公司產品特點、技
術特點、市場定位、展覽活動的安排等因素由企業自主決定。
這類展位能充分表現企業文化、宣傳品牌理念，非常有利於樹
立企業整體形象。

展臺是企業顯示企業實力和產品特色的視窗，有個性、有
視覺衝擊力的展臺佈置可以使企業在眾多的參展商中脫穎而
出。展臺設計的根本任務是幫助企業達到參展的目的，展臺要
能反映企業的形象，能吸引觀眾的注意力，能提供工作的功能
環境。

在展品選擇上，要選擇能體現自身產品優勢的展品，展品
品質是參展企業給觀眾留下印象的最重要的因素。選擇展品有
三個原則，即針對性、代表性、獨特性。針對性是指展品要符
合展出的目的、方針、性質和內容；代表性是指展品要體現企

業的技術水準、生產能力及行業特點；獨特性是指展品要有自身的獨特之處，能和其他同類產品相區別。

在展示方式上，展品本身大部份情況下並不說明了企業產品的全部情況、顯示全部特徵，一般需要配以圖表、資料、照片、模型、道具、模特或講解員等真人實物，借助裝飾、佈景、照明、視聽設備等展示手段，加以說明、強調和渲染。總之，展示設計應做到內容與形式的統一、整體與局部的統一、科學與藝術的統一、繼承與創新的統一等。

在人員配備上，人員配備的質量決定著參展企業在展覽營銷上的成敗，企業配備的人員的能力及其展示，反映了企業在行業中的地位，沒有代表參展或僅有狹小攤位的企業，將面臨失去市場佔有率的危險。特別是服務人員的身體語言、對話和知識是否具有親和力，對展覽營銷的成功是極為重要的，服務人員在發放資料時應儘量多與觀眾溝通交流達到互動的效果。展臺的人員配備一般可以從以下方面來考慮：第一，根據展覽性質選派相關部門的人員；第二，根據工作量的大小決定人員數量；第三，注重人員的基本素質，如相貌、聲音、性格、能動性等；第四，加強現場培訓，如專業知識、產品性能、演示方法等。

參展企業還可以在展會期間進行新產品發佈會、經銷商年會、產品演示等配套活動，這些都是在穩定老客戶的基礎上發展新客戶的有效手段；此外，營造輕鬆、愉快的洽談氛圍對提高成功率也大有幫助。

3.展後效果評估

企業應將在展覽營銷中收集到的資訊納入企業的營銷資

訊系統中，對獲得的市場訊息進行分析和評估。企業還應及時將展覽結果與預定目標進行比較，總結效果如何、分析原因何在。一般來說，展銷會的效果難於精確評估，其原因主要是有些成果可立刻產生，但更有可能在展銷會後的一段時間之後產生。展覽營銷的組織者爲了幫助參展商進行展覽營銷評價，一般會提供有關展覽營銷與會者的統計資訊。企業可要按這些統計資訊並結合自身實際情況對參展的效果進行評估，並就下次是否參加該展覽營銷作出初步決策。

4.永不落幕的網上展覽

網上展覽已成爲展覽營銷業的一道新風景線，被稱爲永不落幕的展覽會。網上展覽雖然只是實物展覽的補充和配角，但隨著資訊技術和電子商務的進一步發展，網上展覽定會後來居上，成爲現代展覽營銷業的主體。與實物展覽相比，網上展覽具有以下幾點優點：一是成本更低、速度更快、成功可能性更大；二是機會平等，無論企業強弱，只要產品合適就可能找到合適的買家；三是可以減少中間商的盤剝，越來越多的買家都在設法直接向生產廠家購買產品。

企業可以自建網站或把產品資訊放在專業展覽網站上實現實物展覽與網上展覽的相互補充。

六、親身考察見實力

企業只要能把潛在客戶帶到公司生產場地參觀，交易成功的可能性就大大增加了。爲什麼？因爲大客戶採購金額都較大，少則幾十萬元，多則上百萬元，客戶採購相當慎重。眼見

為實，耳聽為虛。客戶在下最後決心之前，都會到製造商生產
基地去實地考察。公司精細化的現場管理，一絲不苟的員工，
清潔優美的環境，細緻入微的接待無不讓客戶感到信心、放心、
爽心。因為公司總部是一個公司管理和實力的綜合體現，需要
平時的功力積累，細微處見真功夫，依表面功夫一時半時是做
不出來的。與產品這種有形實體一樣，公司生產基地和管理總
部也是品牌的有形載體。

七、榜樣樹形象

營銷法寶之一就是在開拓一個新市場之時，就要不惜代價
地選擇一個重要級客戶或重量級工程作為首攻目標，待攻下這
種標誌性工程後，再以它作為號召去征服其他的客戶。

八、公益活動宣傳品牌

企業贊助各種活動、參與各種社會公益活動更容易造就品
牌認知度、美譽度的提升。針對活動本身固有的特性，越來越
多的企業選擇體育活動贊助或者大型公益活動的贊助來達到傳
播品牌、提升形象的目的。贊助活動對於企業品牌有如下作用：

1. 時效性

活動的時間較短，但是參與的機構、媒體以及人群在很短
的時間內聚集起來，便於企業、品牌在短時間內造成認知。

2. 突發性

活動通常具有一個長期的醞釀、準備過程，但體育活動本

身的強烈不可預測以及不確定性爲產生突發的結果或者事件創造了條件，也爲吸引媒體、吸引人群的創造了條件。

3. 新聞價值

在活動的前期、活動的過程中，以及活動的後期，大量的媒體報導爲企業的傳播提供了大量免費宣傳。

4. 傳播速度

在以上三個基礎之上，活動贊助的傳播速度和傳播的有效均優於常規媒體。

例如可口可樂、柯達、富士膠捲、百威啤酒、現代汽車、三星電子、耐克等國際企業巨頭不遺餘力地贊助體育活動，把體育活動的贊助作爲企業的傳播戰略，傳播企業、品牌的資訊，爲我們參與體育活動贊助提供了良好的借鑒。在活動贊助中，如何讓活動贊助發揮最大效應，達到最佳的傳播效果是贊助活動組織的關鍵。在活動贊助中，企業應該注意：活動與品牌、企業的關聯性，活動的傳播價值，活動附加值的挖掘，實現活動效應最大化，活動贊助與品牌傳播的整合。

贊助活動是非常規的廣告宣傳，因此它的效應評估也不能用常規的標準來衡量，它更加強調附加價值。在活動贊助方面，通常有這樣的評判標準：贊助的企業、品牌與事件或者活動的關聯性。如「金六福酒」贊助奧運慶功，「李寧服飾」贊助奧運領獎，「柯達膠捲」爲運動留下永恆的記憶等等與運動密切相關的品牌活動爲受眾提供了良好、自然的接受焦點。贊助提升了品牌的知名度，但是贊助活動僅僅是企業或品牌傳播戰略的一個組成部份，而不是全部。贊助的意義在於提示品牌，加強品牌與消費人群的溝通與交流，從而建立品牌認同，形成品牌聯

想。贊助活動必須把品牌的個性和活動的精神相結合。美國的
杜邦公司的重頭戲；聯合利華是一個化學品生產企業，而它組
織的「綠水青山」環保活動給消費者留下深刻的印象。這些都
是企業特性、品牌個性和活動贊助結合的經典案例，值得我們
的企業學習。

九、知識論壇營銷

　　知識營銷已是現代營銷的重中之重，它充分地調動了企業
與顧客的互動交流。作爲知識營銷的一種，論壇營銷現在越來
越受人們喜愛。舉辦各種各樣的論壇，門票都價格不菲，但還
是有那麼多人去聽。這主要還是因爲知識的價值所在。講的人
輸出和傳播知識，聽的人學習和接受知識，因爲聽的人覺得知
識(包括資訊)有價值意義，所以肯出大價錢。而所謂論壇，正
好爲知識「交換」的雙方提供了一個面對面交易的平臺。論壇
作爲傳播先進思想、發佈最新資訊、結交合作夥伴、開闊啓迪
思維的最佳綜合平臺，即便互聯網等高科技再發達，也無法取
代這種面對面的交流。只要有需求，論壇就有存在的必要和火
下去的可能。但是，目前國內各種論壇會，如果能從書刊、電
視、光碟上得到所需的，人們就不會花錢去現場；如果只有灌
輸、傳授而沒有思想上的交流碰撞，這樣的論壇就沒有真正的
競爭力。論壇經濟的核心競爭力在於把脈需求、不斷創新，堅
持以客戶需求爲導向。與國際同行相比，國內論壇在戰略規劃、
形式創新、演講層次、會務操作、技術支持等方面還存在很大
差距。以享譽全球的瑞士達沃斯世界經濟論壇爲例，它設有專

職研究機構，從主題策劃到內容設計都要經過嚴格論證，廣泛採用互動交流的分討論、圓桌會議等形式，只有特別重要的人物才安排主題報告，對於參會者同樣嚴格把關，在會務接待和現場控制上均有明確的專業流程。

2

客戶的口碑宣傳

　　對企業產品滿意的客戶的一句表揚之詞，遠遠勝過描述產品性能的一千個詞。這就是口碑效應。這種口頭上的廣告，是最有力的廣告。一個企業要想做到讓客戶主動去向別人宣傳你的產品是最難的。當然口碑當中，包括正面情感與負面情感的宣洩。人類對負面情感的反應要比正面情感強烈，不良的口碑更會讓客戶到處宣揚。負面口碑和正面口碑對於一個企業都會帶來重大影響。人們對於負面情感的宣洩永遠高過對正面情感的宣揚。好事不出門，壞事傳千里。客戶不關心那種僅具有一般競爭性的服務，而關心那種有競爭優勢的服務，因此，只有通過給客戶留下深刻印象的服務，才有可能把自己良好的口碑通過客戶的嘴進行傳播。號稱「最便宜」的口碑，是現代營銷最具特色的營銷模式，是當今世界最廉價的資訊傳播工具，也是可信度最高的媒介。它是有規律可循的。

一、口碑潛力

　　不是所有的商品都適合做口碑營銷，口碑營銷在不同商品中發揮的作用是不盡相同。如美國，2/3 的經濟或多或少受到口碑廣告的影響，其中玩具、運動商品、電影、電視、娛樂以及休閒所受影響尤其明顯；而金融機構(如銀行)、酒店、度假村、煙草產品、出版產品、電子產品、藥品、醫療服務、農業、飲食等也受到部份影響；但石油、天然氣、化工、軌道交通、保險、公共保障等領域基本上不受口碑廣告影響。

二、顧客體驗營造口碑

　　顧客體驗，就是顧客跟企業產品、人員和流程互動的總和。也就是讓顧客置身於生產製造的全過程，或者讓顧客切身享受消費的樂趣，從而形成「以自己希望的價格，在自己希望的時間，以自己希望的方式，得到自己想要的東西」的強烈消費慾望。體驗式消費所帶來的感受越是深刻難忘，形成的口碑傳播越是生動形象，感染力也會越強烈刺激。正由於此，越來越多的產品選擇了體驗式消費，顧客體驗是競爭的下一個戰場。

三、依靠強勢品牌

　　對於新產品，巧借知名品牌的推薦，無疑會取得消費者信賴。如糖的替代品紐特威剛上市時，需要讓顧客相信該產品不

會有餘味，而且十分安全。第一點很容易證明，通過大量向顧
客郵寄含有紐特威低糖脂的口香糖，讓顧客做無風險品嘗。但
要讓顧客相信第二點就比較困難，直到可口可樂、百事可樂推
出含紐特威低糖的產品，「紐特威是糖安全替代品」才盛傳開
來。

四、利用事件樹口碑

讓人感動的故事是傳播口碑的有效工具，因爲它們的傳播
帶著情感。例如義大利皮鞋「法雷諾」一向爲成功男士、政界
名流所鍾情，這不僅因爲法雷諾的質地優越，它還有一個充滿
傳奇色彩的故事：西元 1180 年，第三次十字軍東征時，行至阿
爾卑斯山附近時，突然風雪大作，士兵的腳凍得寸步難行，羅
馬騎士法雷諾讓士兵把隨身的皮革裹在腳上，繼續前進。後來
義大利的一家皮鞋製造商爲紀念這段軼事，將生產的最高檔皮
鞋命名爲法雷諾，法雷諾的美名由此流傳開來。

五、細節顯口碑

影響消費者口碑的，有時往往不是產品的主體，而是一些
不太引人注意的細節，如西服的紐扣、家電的按鈕、服務的一
句話等等。一些「微不足道」的錯誤，往往引起消費者的反感，
難以迅速改進。有研究顯示，只有 4%的不滿意顧客會對廠商
提出他們的抱怨，但 80%的不滿意顧客只是週圍的人談起自己
的不滿意，顧客只是對週圍的人談起自己的不愉快經歷而已。

六、知識提升口碑

當年金利來在打入國內市場時，很聰明地標出領帶的三種打法，以小知識巧妙地避免了消費者可能出現的尷尬。這種營銷技巧在 IT 行業更為普遍，電腦商經常利用各種方式傳播關於電腦使用的基本知識來培育市場。如柯達早在 1897 年就在美國發起了一次空前的攝影大賽，吸引了 2.5 萬人參加。1904 年，柯達又在美國舉辦了「柯達旅遊圖片展」，大力宣講攝影知識。

七、服務決定口碑

一旦顧客相信公司，公司就必須盡力保有這份信任。如果公司能證明自己對顧客負責到底的決心，顧客一定不會離開。

一個企業如果單純地贏得知名度很容易，只要投入大量資金進行密集的廣告轟炸，短期內就能做到。但要贏得良好、持久的口碑，只有持之以恆地提供超顧客期望的產品和服務，才能得到眾口一致的口碑。

企業運用有意識的口碑營銷策略時一定要認識到幾種特殊類型的消費者的作用。

1.意見領袖

所謂意見領袖，就是指對商品知識深入瞭解並且其意見能直接或間接地影響其他消費者的態度與行為的人。意見領袖通常較一般的消費者更多的接觸包括大眾傳媒在內的各種溝通管道，更多地參與社會活動，因而他們消息靈通並且能廣泛地施

加影響。意見領袖一般都有著較高的社會地位，並受過良好的教育，而且平均分佈在各個社會階層。比如學校裏的籃球運動員通常被認爲是意見領袖，許多運動產品公司用他們的產品做贊助贈送給各類學校的籃球隊，通過這樣一種榜樣的作用來爲公司的產品贏得可信度。

2.信息守門人

是指有能力決定是否把資訊傳給同一群體內的其他人的人。比如經常看某一電視節目的家庭成員、公司裏負責接電話的秘書等。鑒於這些人在資訊接收中的「閥門」作用，營銷人員通常必須予以足夠的重視。

3.替身消費者

還有一種類型的消費者通常被企業所忽視，他們被稱爲替身消費者，即那些被僱來爲他人的購買決策提供諮詢的人，如保險經紀人、室內裝潢商等。這部份人的意見往往對消費者的購買決策起到至關重要的作用，因爲他們會有選擇地過濾市場訊息。

營銷人員應慎重對待這三類特殊類型的消費者，可以把傳播與溝通的重點放在他們身上，從而以最低的成本最高效率地達到自己的營銷目的。

第 九 章

針對大客戶的服務戰略

1

針對大客戶的服務戰略

　　企業獲利能力的強弱主要是由顧客忠誠度決定的；顧客忠誠度是由顧客滿意度決定的；顧客滿意度由顧客認為所獲得的價值大小決定的；價值大小最終要靠工作富有效率、對企業忠誠的員工來創造，而員工對企業的忠誠取決於其對企業是否滿意；滿意與否主要視企業內部是否給予了高質量的服務。員工滿意就會為顧客提供滿意的服務，為企業創價值。

　　企業在服務客戶的過程中，想要讓大客戶感受到更大的價值，同時也為企業創造更多的價值，只有兩個途徑──提升收益和降低成本。

一、提升服務收益

在「價值＝收益－成本」的客戶服務等式中，收益主要是指產品對客戶的用途。如果企業的產品能為客戶帶來比同類產品更多用途而花費相同，那麼這些產品便具有更高價值。以下幾點對提升服務收益有很大幫助的：

1. 注重產品屬性

企業可以在關注產品屬性的基礎上，無須增加產品新功能，就可以擴展產品對客戶的利益。如大明眼鏡作法就不同於其他眼鏡店，大明眼鏡十分關注那些逛商場時想在一小時內順便配好眼鏡，而不願在店內逗留太久以免影響購物時間的客戶。

2. 提供輔助服務

提供相關聯的輔助服務，是企業增加客戶收益的一個很好途徑。注重將服務概念貫穿於企業客戶服務的各個環節裏，通過觀察、分析，可以縱向啟發企業設法增加客戶收益。其實為客戶創造超額價值的機會，蘊藏在客戶與企業發生聯繫的各個環節與活動中。如果企業善於抓住機會，解決客戶的問題，即為客戶提供了服務，會創造更大利潤。

3. 創造新鮮體驗

創造積極的客戶體驗是第三種創造服務價值的途徑。它被廣泛地應用於想在具體有形服務上增加不可觸摸、無形服務含量的行業中，比如零售業、旅遊業、娛樂業等。

二、降低服務成本

人們通常認爲客戶的成本就是購買產品或服務的價格。其實，這個理解並不全面。從客戶的角度來看，他們爲獲得某件產品或某項服務的成本有三方面：爲購買產品或服務支付的貨幣量；爲得到產品或服務付出的費用或辛苦；爲正確有效地使用產品或服務所付的費用和辛苦。可見，客戶爲產品或服務付出的成本可以是現金或時間，也可以是辛苦。同時，客戶在獲得產品或服務之前還會考慮機會成木。

企業降低客服成本、提升客戶價值可以從以下幾點入手。

1. 減少服務成本

價格是成本的重要因素，如果企業能在降低價格、減少客戶服務成本的同時，不能保持或增加客戶獲得的收益，就能確保服務價值的同時，還能保持或增加客戶獲得的收益，就能確保服務價值的增值。具體而言，企業降低客戶服務成本的策略有以下三種：經濟策略，即在不影響客戶收益的情況下降低成本和價格；價值替代策略，企業在降低成本的同時，增加客戶收益；改進策略，在成本不變的情況下，努力增加客戶收益。

2. 精確服務承諾

綜合考慮客戶收益和成本(價格、時間和辛苦)以及在服務概念中傳遞產品或服務的成本。服務概念的推廣應體現在兩個方面：別致、吸引人的廣告語，給予客戶具體的服務承諾。

3. 服務標準細化

一家電視臺爲它的日間娛樂主持人制定了基本服務標

準：讓觀眾在白天娛樂，使觀眾在早餐或午餐前後發現有趣、精彩、意想不到的事情。顯然，上述兩條顯得還很抽象的服務標準需要細化，否則它們很難得到貫徹。企業服務標準的細化並不是根據客戶需要來確定服務水準的一個簡單過程，它需要確定的實質是企業在服務客戶中，該做什麼和怎樣做的問題，也是指導相應崗位的員工如何交付客戶服務的具體說明。

因此，電視臺進一步說明以上兩條服務標準，具體闡述了「做什麼」與「怎麼做」，包括：尋找 50 個能在白天實施、逗人發笑的「詭計」(「做什麼」)；這些「詭計」在經過集體配合後，會取得更好效果；準備特製的道具與助手，考慮如何配合、分配角色，並進行演練，同時擬定可能出現突發事件或窘境時的應對措施(「怎麼做」)。

無論什麼行業的服務標準都應包含這些特徵：明確、可執行、可考量，由相關部門人員參與制定，被全體員工熟知、認同，上崗前培訓每位新員工，定期更新陳舊內容。

心得欄

2

針對大客戶的服務流程

一、瞭解客戶關注的重點

要做到與大客戶的良好關係，首先需要瞭解客戶需求什麼，爲什麼會與我們合作，與我們的合作能給他們帶來什麼樣的好處等等多方面的客戶資訊。

對一個企業來說，僅僅提出關心客戶的口號或只是鼓勵員工去關心客戶，是很容易做到的。但如果流於形式，或者僅在銷售過程中露出微笑，而不是瞭解客戶的真正需求，那麼，關心和善待客戶就是空談。

關心客戶是滿足客戶的真正需求，而最困難的一點是如何確定這些需求。

對企業來說，要瞭解客戶的需求，首先要瞭解客戶的資訊。銷售人員需要瞭解你的顧客想要什麼和需要什麼。他們爲什麼要採用你公司的產品或者服務？和你做生意他們能得到什麼好處？你該如何改進服務才能使他們得到更多的好處或者保持很好的客戶忠誠度？許多以客戶爲中心的公司指派專業市場調研顧問研究顧客的需求，但實際上，企業自身的客戶檔案才

是瞭解客戶情況的第一手材料。企業在經營的過程中,一定要主動獲取客戶的資訊。特別是大客戶,企業不僅要研究他們本身的市場情況、經營情況,不需要對他們所處的環境、市場競爭情況等有所瞭解,並在此基礎上,幫助大客戶提供一些力所能及的服務和產品。

二、建立服務標準

客戶服務標準的建立雖然很複雜,但關鍵原則就是標準能夠反映客戶的需求,並能夠良好地保障客戶的需求得以滿足,同時標準又是可以衡量和能夠貫徹執行的,而非流於形式。

制定標準的原則:

(1)標準應該體現怎樣滿足客戶的需求。

(2)標準應該包括日常行為,如接聽電話或回信等,同時不應該包括各行業特有的客戶需求。

(3)標準是可以衡量的。

(4)讓企業的每一位員工瞭解標準。

(5)鼓勵員工超越標準而不是簡單地達到標準。

良好的客戶服務必須有健全的服務制度來約束。在制定相關制度的時候,首要考慮的是客戶的需求是什麼,在公司制度的制定上怎樣才能滿足客戶的需求。在與客戶接觸的過程中,銷售代表是企業的行為和企業的價值規範,企業必須擁有標準的行為標準,比如如何接聽電話或回函,同時根據所處行業的特點制定適合該行業行為規範的行為標準。

企業制定的客戶服務標準必須是可以衡量的,否則,標準

就不能稱其爲標準，企業員工的行爲不能得到規範，就不能達到良好的客戶滿意度。同時標準也應該是公正的、眾所週知的，使達到標準的員工獲得獎勵和鼓勵，而沒有達到標準的員工產生動力。

企業客戶服務標準雖然是保證良好客戶滿意度的基石，但制定原則卻非常簡單，關鍵在於制定的標準切實可行，並能夠在員工的一點一滴的日常行爲中得以表現和反映。同時標準的出發點是以客戶滿意度爲基點。

三、加強售後服務

售後服務是保持與客戶有效接觸的重要手段，所以，企業要利用好每一次售後服務的機會，達到提高客戶忠誠度的目的。

良好的售後服務可以幫助企業加深與客戶的關係和增加業務。可以看一下客戶的購買週期，他們多長時間大批量採購一次，是一個月，一年，還是三年五年？產品的生命週期越長，與客戶再次打交道的機會就越少，也就越難保持與客戶的有效接觸。其他的公司可能正在勸說你的客戶，用戶可能正遇到一些產品的麻煩需要解決，而失去接觸就可能意味著失去控制。因此，企業要創造出一些與客戶接觸的機會，售後服務就是最重要的手段。

加強客戶忠誠度的最重要的手段就是加強與客戶的接觸，如作爲電腦設備的供應商，理想的狀態是成爲客戶的戰略顧問，幫助客戶規劃和建立資訊系統，從而深入地瞭解客戶的未來業務計劃。其次，成爲客戶的資訊系統顧問，並在此基礎

上，向客戶提供良好的技術服務支援，諸如系統維護、管理服務、培訓服務等等。這些服務將爲客戶業務的發展做出重要貢獻。而與此同時，客戶爲了保證其業務的有效運轉，逐漸地對你的服務產生依賴感，客戶的忠誠度將得到極大的加強，雙方的合作關係也得以加強。

四、客戶滿意度的監控

對企業來說，客戶服務滿意度需要一定的監控措施以使客戶服務標準得到貫徹和執行，以獲取良好的客戶服務結果。

滿意的客戶意味著回頭生意和高水準的客戶忠誠度。爲了保證企業隨時向客戶提供高水準的客戶服務，客戶管理者必須擁有相應的措施來隨時衡量客戶的滿意度，並確保你的監控結果能夠用於改善客戶的服務表現。監控的原則就是依據既已制定的客戶服務標準，並引進客戶滿意等級制來衡量企業員工或者業務部門的客戶服務指標。管理者可以通過客戶抽樣拜訪的結果來考察企業或者部門乃至於具體員工的客戶表現。對於表現良好的客戶服務給予表彰和推廣，而對於尚存差距的客戶服務表現則提出相應的整改措施。

五、滿意服務的步驟

1. 自上而下地改進服務體系

要創造出優質的服務，大幅度提高顧客的滿意度，僅對員工進行優質服務的培訓是不夠的。流程再造只是一個方面，運

營還得要由人去完成，所以要將優質服務的思想貫徹於企業文化之中。而這中間，企業領導的以身作則是非常重要的。如果領導階層時時以顧客為中心思考問題、選擇行動，那麼，以顧客為中心的思想很容易落實到員工的行為中。

2. 創造具體的優質服務目標

以顧客為中心的服務思想不僅僅是要領導以身作則，還要有一整套明確的制度來保證，必須對員工的行為期望加以明確。如，電話鈴響第 3 聲之前必須接聽。

3. 僱用重視顧客的員工

訂立服務策略之後，必須找到合適的人來執行。這種適當的員工必須是願意與顧客友好相處的、善於瞭解顧客心理，同時又能敏銳地察覺顧客的特殊需要的員工。這種僱用機制，不僅是事先對人力資源的一種準備機制，同時也是向現有的員工表明公司的一種態度和價值評判，從而誘導現有員工改變其行為模式和價值觀。

4. 訓練員工從顧客角度去理解和體諒顧客

訓練員工將以顧客為中心的思想根植於員工的大腦中，並努力提高員工優質服務的行為能力。顧客滿意在很大程度上受到其需求的滿足程度和感覺的良好程度的影響。

5. 激勵員工提供高標準的服務

企業要通過獎懲措施來使這種以顧客為中心的制度體系得以鞏固和加強。

6. 授權員工自行解決問題

顧客通常從兩個方面來評價一個公司的服務：一是在正常狀態下如何運作？二是發生問題時如何反應？

7.獎勵員工對顧客的英雄式行為

讓員工保持這種以顧客爲中心的工作模式的最好辦法，就是當員工作出超過顧客預期的服務工作時，給予及時適當的獎勵。一要做到獎勵及時，使員工明白獎勵的原因，效果會更好；二是獎勵要公開化，既能給予被獎勵的員工更大的榮譽感，又能對其他員工有促進作用，同時也是對企業價值的一次表態。

心得欄 -

- -

- -

- -

- -

- -

第十章

針對大客戶的銷售團隊

1

以人為本團隊建設

「21世紀什麼最貴？人才。」大客戶銷售靠的是什麼？靠的就是優秀的銷售人才。只有擁有這些優秀銷售人才的企業，各種策略才能得到施展的空間，才能最終達到目標。

一、顧問式銷售人員好在那裏

一個優秀的銷售人員，除了要瞭解大客戶所提出的明顯需求外，還應該試圖去挖掘大客戶的隱性需要，找出能真正解決這些需求的手段，才是真本領。

1.找準大客戶的問題、需求點

顧問式銷售人員的首要工作，就是要為大客戶分析現狀並且明確對方的需求。一般而言，在銷售洽談工作中，大客戶很難直接告訴你他的真實需求、實際存在的問題，即使他願意說，也往往不知道如何表達。作為一個專業的顧問式銷售人員，你有義務幫助對方找出自己的真實需求。銷售中三個關鍵的關係：

(1)大客戶提案和銷售產品之間的關係。

(2)銷售人員和大客戶的關係。

(3)大客戶隱性需求和顯性需求的關係。

2.提出可行的解決方案

銷售人員一旦明確了大客戶的真實需求，就可以提出一個富有成效的解決方案。傳統的銷售僅僅在通過表面現象發現問題後就強行推銷，而顧問式銷售則通過分析問題去發現大客戶的真實需求，依次來提出解決問題的方案，最終獲得訂單，引發銷售。兩者之間存在本質的差別，也就會產生截然不同的效果。

顧問式銷售人員不要在對方沒有完全陳述明顯的願望、行動、企圖之前就提出產品的說明，這樣只會引起銷售的反效果，只會讓大客戶感到你在向他兜售產品，而不是真心為他考慮。

作為一個優秀銷售人員的素質要求：

(1)應該是一個產品專家，有廣泛的知識積累，積極學習。

(2)要始終堅持「以客戶為中心」，向客戶不是銷售產品，而是銷售幫助或服務。

(3)還要有貼近客戶的能力，可以準確找出客戶需求，提出合適的解決方案，能靈活運用各種銷售方法和技巧。

(4)必須具備銷售的全盤控制能力，清楚自己在什麼階段應該提供什麼樣的方案。

小陳跳槽到了利華公司，做起大客戶銷售員。雖然這在當時算是一個新興項目，可對他而言，同樣也是駕輕就熟，畢竟，是金子總是要發光的。進入公司他所參加的第一個項目就是向中天股份有限公司銷售一批手機，當時一共4個人承擔了這個任務。

大客戶銷售工作不比向零散客戶做銷售，其過程的複雜、艱辛，沒有親身經歷過的人是難以體會的。銷售小組通過每個成員的通力合作，逐步攻克了一個又一個難關，最終在耗時 3 個多月後攻克了這座堡壘，拿下了這筆訂單。

二、大客戶銷售團隊需要什麼樣的銷售人員

銷售既是一件相當有挑戰性的高難度工作，又是一份能讓銷售人員充分發揮自主性和表現力的事業。也正因為如此，銷售工作尤其是大客戶銷售的成功，必須依賴銷售人員較高的個人素質和超強的銷售技巧。

大客戶銷售不是單槍匹馬就能搞定對手的，銷售人員必須依靠團隊的支援才能獲得最後的成功。大客戶銷售團隊，就是確保大客戶銷售獲得成功的堅強後盾，每個大客戶銷售人員都應該從中吸取成功的動力，並且為之貢獻自己的力量。

1.團隊合作意識

如果某項任務的完成需要多種技能、經驗，那麼由團隊來完成就更能提高效率，也更有利於每一個銷售人員優勢和才能

的發揮。這樣,一個複雜的大客戶銷售項目就很可能需要眾多的優秀銷售人員來共同配合完成,這就需要每個人都有極強的團隊合作意識。

大客戶銷售團隊中的每個銷售人員都必須學會利用自己和企業的現有資源,發揮團隊的最大優勢,圓滿地完成大客戶的銷售工作。

2.溝通、交流技巧

整個大客戶銷售過程,可以說是銷售人員說服和誘導大客戶接受觀點,並最終形成購買的過程,也是一個信息共用、溝通的過程。溝通的藝術幾乎滲透到銷售的每一個階段。因此,卓有成效的交流技巧則是銷售人員吸引客戶的一種魅力所在,在銷售中起了推波助瀾的效用。

良好的溝通技巧,不僅表現了銷售人員自身素質和能力,也可以建立起與大客戶之間的互信關係,對塑造企業的良好形象有重要意義。

3.鞭策與激勵能力

大客戶銷售複雜、困難,難免會遇到各種挫折,整個過程是一個自我實現、自我完善的過程。所以,優秀的大客戶銷售人員都擁有較強的激勵和鞭策能力,在銷售出現挫折或僵局時主動推動銷售團隊的工作。強烈的鞭策與自我激勵能力可以在關鍵時刻強化銷售團隊自我管理、勇敢迎接挑戰的內在動力,也是激發潛能、不斷創新的驅動力。

大客戶銷售,歸根結底需要擁有一支出色的銷售團隊,才能得以實現,對每個銷售企業而言,建設一支出色的銷售隊伍刻不容緩。

2

組建優勢互補的大客戶銷售團隊

　　面對紛繁複雜的大客戶，沒有一個強有力的銷售團隊分工合作，僅憑個體單兵作戰，基本上是沒有「成功」可能的。任何優秀的銷售人才，唯有依靠團隊的有力支持，成功才唾手可得。

一、什麼是大客戶銷售團隊的基石

　　「物以類聚，人以群分」，這是千古名言，大客戶銷售尤其需要團隊建設。

　　大客戶銷售團隊是一些優勢互補，並為了一個共同的銷售目標而組織起來的少數人的集合。一個出色的大客戶銷售團隊在銷售中往往可以互相激勵、戰鬥力互補，成功率也更高。

　　第一次龜兔賽跑後，兔子咽不下胸中這口惡氣，非要拉著烏龜再比一次不成。烏龜無奈，只得點頭同意它的無理要求，卻也提出了自己的特殊要求：終點要由自己決定。

　　兔子為了捍衛自己僅有的尊嚴，絲毫不敢懈怠，一路狂飆，飛馳而去。突然間，它一個急剎車，停在了路邊，望著眼前那

條寬闊的大河傻了眼，終點就在河對岸，自己卻不知如何是好。

過了好久，烏龜才蹣跚而來。只見它縱身躍入河中，緩緩向對岸遊去，不一會工夫就上了岸，然後把獎盃高高舉起。

再次見到兔子，烏龜對它說：「你要記住，在這個世上靠蠻幹是不成的。為什麼不能發揮我們各自的優勢，在陸地上你背著我，在水裏我馱著你呢？」兔子聽了以後恍然大悟，連忙要求再試一次。

於是，它們一起出發了，在陸地上，兔子扛著烏龜，一路狂奔；在河裏，烏龜匍匐在水中，背上面安穩地趴著小兔。就這樣，它們又一次站到了終點前。

「你看，這是不是比我上次到達終點的時間少了很多啊？你難道不覺得這次的速度比上一次快了嗎？」

兔子不由得點頭，它的心裏突然升起一股更大的滿足感和成就感……

為什麼要建立大客戶銷售團隊？

1. 大客戶團隊的建立源於銷售人員間的彼此需要

在大客戶銷售中，「河流」與「陸地」並存，是銷售人員間建立團隊的內在必然性。合作是源於成員間團隊作業的需要，對能力、知識、技術和資源上的一種優化配置。不同的銷售人員各自的能力側重不同，有的善於開拓大客戶，有的善於談判，還有的善於制定計劃……團隊可以合理地發揮各個成員的優勢，實現最大的收益。

2. 大客戶銷售團隊的建立源於成員彼此間的信任

兔子不用擔心烏龜會在河中間故意把自己撇下淹死，烏龜也不用祈禱兔子不要把自己扔下來摔壞，這就是團隊成員間的

相互信任。團隊成員如果過河拆橋，爾虞我詐，結果只會全軍覆沒。

3. 大客戶銷售團隊的建立源於成員間的共同目標

爲了達到共同的目標，團隊成員才可能通力合作。正是有了這個目標，確定了團隊的性質；正是有了這個目標，賦予了團隊成員一種認同感，讓他們可以把自己的利益和團隊的利益統一起來，全力去實現共同的目標。

4. 團隊成員的責任心是團隊有序運行的保障

世上沒有一個團隊的成員是不承擔責任的，正是有了這種責任心，每個人才可以各司其職、各負其責，保證團隊的工作順利進行下去，進而取得成功。

二、如何進行團隊成員角色分配

角色分配是大客戶銷售團隊建設的首要任務，爲團隊的建立奠定了基本的框架。同時，根據角色分配也可以明確成員在團隊中的角色和職責，可以在工作中做到各司其職、各負其責，有利於銷售的達成。

楊經理接到了一個很重要的銷售項目後，照例給整個大客戶銷售部召開了會議。

楊經理：我們這次的銷售工作時間緊、任務重，希望每個團隊成員都能充分發揮自己的作用，扮演好自己的角色，配合所有成員的工作，爭取順利拿下這張訂單。

小美：只要跟著楊經理，我們就戰無不勝啊！

楊經理：成了，你就別耍嘴皮子了。我們還是先來研究一

下這個項目吧。小華，你有什麼意見？

　　小華：我今天看了一下這個項目的資料，這次的條件很不錯，我們應該盡全力爭取。我認為，首先要組建一支得力的銷售團隊，這樣才能事半功倍。(他見楊經理點頭，接著說)我作了一份報告，有我們這次團隊角色的分配。經理，這個就是。(說完，他遞給了楊經理一份資料，見表 10-1)

表 10-1　小華的團隊角色分配報告

角色	人選	工作	特徵
領導者	楊經理	尋求最佳方案、領導團隊並做出決策	有經驗、領導力強
策劃者	小華	提案、找出行動的新方法和新觀點	組織能力強、聰明
信息收集者	小美	收集客戶和對手信息，進行談判	善於交際、創新
監督評估者	小浩	監督銷售的實施，評估成員貢獻	冷靜、謹慎、公平、客觀
援助者	小龍	提供突發狀況的支援和幫助	團隊意識強、細心
協調者	小方	處理團隊內部矛盾、協調團隊行動	穩重、公正、自律
執行者	小麗	把所有計劃和觀念變成實際行動	吃苦耐勞、注意細節

　　小華：當然了，經理，這份報告還有很多不完善之處。我的目的是讓我們部門的每一個人都可以人盡其才，具體的服務、研發、財政工作可以要求公司其他部門的配合。

　　楊經理看著手中這份報告，默默點了點頭，不得不佩服小華對部門成員的瞭解。

　　組建大客戶銷售團隊主要應考慮下面兩個問題：

⑴戰略重要性

　　大客戶的需求是否能與團隊的能力相匹配？團隊的產品或

服務比主要對手強在那，又弱在那？

⑵**大客戶的重要性**

　　大客戶是否能提供巨大的利潤或發展潛力？是否會遇到不可克服的困難？團隊在分配角色時，一定要秉承「為每個成員都儘量安排一個適合的角色」的原則，每個人既要承擔一種團隊職能，又要擔任一個團隊角色。團隊成員必須在這個角色與職能中尋求某種平衡，發揮自己的優勢，出色地完成銷售任務。

　　一個銷售團隊只有在具備了範圍適當、平衡的團隊角色時，才能充分顯現出其在技術、資源上的優勢。在分配隊員的角色時，團隊領導人一定要根據團隊成員的特徵因人制宜、因材施用，同時要考慮項日的具體任務，讓團隊發揮最大的作用。

　　大客戶銷售團隊的工作不論是在工作量，還是所涉及的範圍都是相當廣泛的，所以，團隊的每個成員都應該是某一領域的專家，這樣才能更好地完成銷售工作。因此，整個大客戶銷售團隊在完成銷售任務的同時，也要做好財政、服務等一系列工作。詳見表 10-2。

表 10-2　大客戶銷售團隊職責分工表

職責、分工	主要工作
大客戶 經理	1.負責大客戶的整體銷售工作，制定和實施具體計劃 2.對大客戶負責，瞭解大客戶的優勢、幫助大客戶確定解決方案、向大客戶介紹適當的產品和解決方案，做大客戶的銷售顧問 3.對企業負責，制定大客戶開發戰略，制定、維護和實施提升大客戶價值的策略和行動方案及計劃，收集、分析大客戶相關信息。建立與大客戶決策層的關係，促進合約、談判的順利進行，確保銷售團隊成員間的良好溝通，協調團隊日常工作

銷售總監	1.對整個銷售團隊的銷售額負責 2.保持和發展面向大客戶的銷售競爭力 3.負責大客戶經理的管理工作，負責重點大客戶 4.平衡大客戶與團隊的權責關係 5.管理大客戶銷售的人力資源工作 6.進行大客戶經理的培訓和評估、監督工作
項目總監	1.領導項目的立項工作 2.協助建立項目小組，編制計劃、預算報表，確定實施時間，評估人力資源需求 3.確認第三方採購的價格和折扣，在授權內制定浮動範圍 4.負責項目的全面品質監控，制定價值定位、確定技術可行性 5.評估項目可能出現的風險並提出解決方案 6.負責維護以項目為主導的客戶關係
公關人員	1.與大客戶中相應部門建立牢固關係，承擔長期責任 2.熟悉大客戶決策層人員的性格、興趣、觀點並將信息轉給大客戶銷售團隊備用 3.建立與大客戶間經理級的戰略聯盟關係，努力促成他們之間價值觀、目標觀念和期望值的一致 4.做好大客戶經理與大客戶高層的引薦工作 5.確保對大客戶問題、投訴和服務的及時、快速處理 6.根據需要，參與大客戶銷售的其他階段
技術支援顧問	1.負責項目的售前支援、實施和服務 2.深入瞭解大客戶的技術需求及變化 3.確定系統解決方案和軟硬體方案，明確系統特徵和匹配 4.提供技術意見、準備支援材料，參與技術答疑和談判 5.產品安裝、實施、維護和服務
財務人員	1.根據實際情況，計算項目預算 2.根據不同折扣估算項目贏利
採購人員	1.負責第三方採購，保證第三方產品的供應 2.根據技術方案要求選擇供應商，負責談判和合約簽訂 3.制定採購計劃，實施採購 4.協調供應商對其產品的安裝、實施與服務

大客戶團隊的戰鬥力取決於團隊每個成員間配合的好壞，只有能夠通力合作、優勢互補的團隊，成功的可能性才會最高。

3

溝通是團隊成功的關鍵

我們社會太崇拜「個人英雄主義」，總是希望一個人能發揮出他的「大無畏」精神，充分施展自己的所有潛能，「以一當十」去幹一番驚心動魄的大事業。但是，這個社會中最難能可貴的並不是「個人英雄主義」，團隊戰鬥力的強弱通常決定了「英雄」是否能夠獲得一個供他施展的合適的舞臺。

當年漢高祖劉邦在漢朝開國的慶功會上，說過這樣一番話：

「夫運籌帷幄之中，決勝千里之外，吾不如子房（張良）；鎮國家，撫百姓，給餉饋，不絕糧道，吾不如蕭何；連百萬之眾，戰必勝，攻必取，吾不如韓信。三者皆人傑，吾能用之，此吾所以取天下者也。項羽有一范增而不能用，此所以為吾擒也。」

劉邦的確是一個英雄，他能看到張、蕭、韓三人不同的特點，並給予足夠的信任，讓其心甘情願為自己賣命。而他們三個人也不負所托，擰成一股繩，以一擋百，開創了漢朝的百年基業。對比項羽，雖然項羽是英雄，范增也是難得的奇才，怎

奈項羽的猜忌、不信任，團隊內耗嚴重，項羽終於落得個垓下被圍、烏江自刎的悲慘下場，的確讓人唏噓。

因此，團隊中僅有個人英雄是不夠的，只有把所有成員擰成一股繩，激發出所有成員的潛能，讓這巨大的能量向一個方向一起使勁，成功才會降臨。

小唐最近很煩：一個大客戶本來就夠他操上好一陣心了不說，他的銷售部裏又出現了對他不滿的聲音，弄得他焦頭爛額。屋漏偏逢連夜雨，他的車也壞了，只得送去維修。他也正好散散心，坐公車上班。公司離他家很遠，要從一個總站坐到另一個總站。小唐上了車，平常他很難得欣賞車窗外的風景，今天也算是個補償吧。車過了小寨，售票員照例向乘客售票。

售票員：請問您到那站下車？

乘客：我買 30 元錢的票。

售票員：請問您到那站下車呢？

乘客：你這人囉嗦不囉嗦啊，告訴你買 30 元錢的票就成了，問那麼多幹嗎！

售票員於是不再多說。車子繼續行駛，乘客也逐漸進入了夢鄉……一個多小時後，車到站了，售票員把那位還在睡夢中的乘客叫醒。

售票員：醒醒，總站到了。

乘客一下驚醒：你怎麼不叫我啊，這回完了，上班肯定遲到了！

售票員：我又不知道你到那站，我怎麼叫你啊？

小唐看到這一幕，突然感到很大觸動。他回想起自己平日的工作，很多時候也像這位乘客一樣不告訴下屬目標，就讓他

們去執行任務，結果就造成了錯漏百出，之後就對下屬一頓狠批，而下屬也不再發表他們的真實想法，放棄他們對工作的建議。如果長期這樣下去，那不就成了「盲人騎瞎馬，夜半臨深池」嗎？

想明白這一點，小唐頓時感到神清氣爽，他決定今天就和自己的下屬好好溝通一下。

一、如何做到溝通無極限

貓狗不和，見面必掐。其實，小貓小狗之所以成為敵人，是因為在語言溝通上出了問題：搖頭擺尾是小狗向夥伴示好的表示，而這套肢體語言在貓咪眼裏看來卻是挑釁；小貓喉嚨裏發出「呼嚕呼嚕」的聲音是表示友好，而在小狗聽來就以為它想打架。結果，本來貓狗都是好意，卻因誤會而成了一對冤家。

團隊的溝通也是這個道理，你本來不是這個意思，但對方聽起來就覺得你像在挑釁，於是，他也憋了一肚子氣，非要和你一爭高下不可。往往這時內耗就產生了，團隊的戰鬥力也就因為溝通不暢而削弱，得不償失。溝通可依循下列要點展開：

1.信息共用，責任分擔

世界 500 強之一的沃爾瑪公司有一個良好的信息通報制度，它的行政管理人員每週都要花費大量的時間飛往各地，向那裏的分公司通報總公司的所有業務情況，讓每一個員工都能掌握沃爾瑪公司的業務進展，激勵員工的士氣。

2.用心溝通，解決後顧之憂

奧田是第一位非豐田家族成員的豐田公司總裁，在他的職

業生涯中，贏得了許多員工的深深愛戴。他的一個絕招就是與員工聊天，從工作聊到生活，他也因為聊天收服了員工的心。無獨有偶，美國西南航空公司總裁凱勒爾從聊天中發現員工最擔心的就是失業，於是上任後他就頒佈「永不裁員」的制度，讓員工沒有後顧之憂，可以盡心盡力為公司服務。

3.聽取他人意見，收穫回饋

惠普公司的總裁辦公室從來沒有門，不論什麼級別的員工，都可以直接向總裁反映問題，發表個人意見；總裁對這些意見和建議也能虛心接受，有則改之無則加勉。這種相得益彰的良性企業文化的建立，使人與人之間的相處彼此都能做到互相尊重，很好地消除了對抗和內訌。

溝通是團隊成員之間加深瞭解、深化合作的有效管道，在溝通時要留心傾聽，尋找一切機會加強成員間的瞭解；同時還要養成換位思考的習慣，將心比心，以誠待人，激起對方的積極性，溝通才能獲得良好的效果。

二、團隊中「下對上」的溝通如何有效進行

現在的溝通培訓似乎進入了一個偏失：一味強調「上對下」的溝通，忽視了「下與上」的交流。作為團隊成員，只有保持與上級的有效溝通，才能產生良好的互動，得到有效的指導與幫助，繼而提高自己的工作績效，保持自己信息的暢通。

1.主觀上有主動與上級溝通的意識

上級往往業務重、時間緊，無法面面俱到，所以，團隊成員保持主動的溝通意識就尤其重要。

　　你要隨時讓上級掌握你的工作動態、瞭解你取得的成績，才能獲得他的器重，得到更多的施展空間和機會。

2.客觀上有合適的溝通方法和管道

　　團隊成員要善於研究上級的個性與做事風格，尋找出一種有效且簡便的溝通方式則是成功的關鍵。日常溝通的常用工具如日報、週報都是有利的溝通工具，應該充分利用。

　　另外，掌握好溝通的時機、善於抓住契機更是關鍵，溝通不僅限於工作方面和正式場合，偶爾開些無傷大雅的玩笑有利於培養你和上級間的默契。

3.掌握良好的溝通技巧

　　與上級溝通首先就要尊重對方，與此同時還不能丟失自我個性，千萬不能喪失理智。受到批評不要抱怨，而是先去反省自己有什麼不足；其次就要學會傾聽，學會領悟與揣摩，巧妙地「借雞生蛋」，用上級的嘴來陳述自己的觀點，贏得他的認同與好感；最後，與上級溝通並不等於溜鬚拍馬，一定要把握好兩者之間的界限。

　　大客戶經理在工作中絕不要說的七句話：

　　⑴我是××的人。（拉幫結派，引起同事的反感。）

　　⑵大家給我一個面子。（都給你面子了，誰給我面子？）

　　⑶你給我好好幹，旺季結束我提拔你做副經理。（就知道讓我們好好幹，你自己在幹什麼？）

　　⑷你們要好好幹，幹不好我把你們都炒掉。（動不動就說把我們炒掉，也不說說怎麼幫助我們進步？）

　　⑸××是我們業務骨幹，誰都不許惹他。（骨幹就了不起嗎，一碗水都端不平，當什麼經理？）

(6)再等幾分鐘。(時間到了還遲遲不開會,讓我們這麼多人等他一個?)

(7)你們密切關注××的動向,及時向我報告。(怎麼有「血滴子」的味道,把暗中監視派上用場?)

和公司董事長共進的一頓晚餐,讓小唐學到了很多。

那天晚上,小唐陪董事長在一家西餐廳宴請客人,一行六人都點了牛排。等他們吃完主餐,董事長讓小唐去請烹調牛排的主廚出來。他還特別強調:「不要找經理,一定要找主廚!」小唐注意到,他的牛排只吃了一半。

主廚來的時候很緊張,因為他知道自己的客人來頭很大。「是不是牛排有什麼問題,先生?」

「不,牛排很好,但是我只能吃下一半。這個原因並不是你的廚藝不好,牛排真的很好吃,你也是位非常出色的廚師,只是我已經快 80 歲了,胃口也大不如前。」

主廚與小唐面面相覷,不知道他的意思。

「我當面和你說是因為我擔心,當你看到只吃了一半的牛排被送回廚房時,心裏會難過。」

小唐聽了董事長這番話大受啟發,原來時刻真情關懷別人就會完全獲得對方的歡心,令對方心甘情願地為你赴湯蹈火!

大客戶經理既是團隊的普通一員,也是團隊的領導者,一旦下屬對你不滿,而你又無從解釋的話,那就用一顆真心去換取他的誠心吧,他終會有被你感動的那天。況且,不打不相識,沒准反倒因此成就了一支堅不可摧的鋼鐵隊伍也說不定啊。

永遠記住:溝通,從心開始!

4

共同目標是團隊的紐帶

　　心理學家馬斯洛說過:「傑出團隊的顯著特徵,就是具有共同的願望和目的。」因此,要建立一個高效的銷售團隊,首先就要確立銷售團隊共同的目標,這樣,所有成員才能遵循這個目標一路攀升,不斷取得銷售佳績。

　　過去的幾年間,戴爾公司董事長兼首席執行官邁克爾‧戴爾不斷為公司制定更高的目標:2003 年銷售額要從 300 億美元增長到 600 億美元,2004 年全球銷售額要達到 490 億美元,2008 年為 800 億美元。但是,戴爾公司連續 6 個季增長率下降,到 2008 年實現 800 億美元營業收入的目標變得遙不可及。

　　於是,戴爾 CEO 羅林斯表示,「戴爾公司將不再把 800 億美元作為一個『必須實現的目標』」。而事實證明,戴爾公司只佔有包括產品和服務在內的整個市場的 5%～6%的佔有率,即使是公司最基本的電腦業務,在全球市場的佔有率也僅為 18%。

　　制訂的不合理目標只會讓你淪為笑柄,戴爾公司的「800億美元」目標落空正是有力註釋。面對過於遙遠的目標,它給團隊帶來的不是動力而是壓力,當這個目標變得越來越遙遠的時候,只會讓人感到絕望。

有人作過一項調查，問團隊成員最需要領導者做什麼？70%以上的人回答——希望團隊領導者指明目標或方向。

小唐不僅是個優秀的銷售員，他還是一個出色的管理者。每次為團隊制訂目標，他並不是自己獨斷專行把目標訂好，然後交由其他成員去實施，而是與團隊所有成員一起去尋找一個正確的共同目標。

每次接到一個新項目，小唐都會組織團隊成員開會，大家暢所欲言，找出過去工作中存在的問題以及所取得的成就，初步計劃項目的工作。通過充分的交流，團隊中的每個成員都能對項目有一個比較全面的瞭解，在最大限度上實現團隊的信息共用。

之後，團隊的每個成員先制訂自己的業績目標，小唐再根據每個成員的個人目標以及他所掌握的資料、信息，並考慮以往的銷售數據、行業動態、競爭對手的狀況等因素，制訂出一個合乎期望水準、可行性較高的團隊目標。

傳統的目標制定，是由團隊的領導者確定，然後再分解到團隊的各個層面上，在一定程度上，遏制了團隊成員主動性的發揮，往往喪失了目標的清晰性與一致性，難以實行。其實，團隊的每個成員都是願意承擔責任的，他們願意為團隊做出貢獻，有所成就。基於這個因素，就可以在目標制定伊始讓每個成員都參與進來，與團隊的領導者共同決定具體的團隊目標。

團隊領導者要給予成員充分發表自己意見的時間與空間，一旦這個要求無法達到,「共同參與」就變成了一句空話。同時，利用這種共同參與的方法，必須有一套目標運行的監督程序來隨時修正目標，這樣才能保證目標的正確。

確立目標的兩個原則：

⑴**目標要明確、實際**

目標必須用具體的語言，清楚說明要達到的行為標準，絕不能模稜兩可。如果你的目標是要「增強客戶意識」，這就是一個極不明確的目標。你可以改成「減少客戶投訴，過去客戶投訴率是 3%，現在把它減低到 1.5%或者 1%」，這樣就會變得可行。描述目標要使用精確的描述性語言和動詞，起修飾作用的形容詞和副詞在這時不用也罷。

⑵**目標必須可以達到**

目標必須切實可行，過高或過低都會對團隊的效率產生極大的破壞作用。過高的目標，因為無法達到，就會使團隊成員喪失鬥志，同時浪費了大把的時間和金錢，而沒有取得相應的業績，得不償失；過低的目標只會挫傷團隊成員的積極性，讓團隊慢慢變得如一潭死水，波瀾不驚。

激勵團隊的成員有時就和讓貓吃辣椒有異曲同工之妙：員工既不能用填鴨式的硬塞硬灌，因為日子久了，只會讓他們憤起反抗：同樣，也不能讓他們感到被騙，因為時間長了，他們就會認為你兩面三刀，不值得信任。

所以，對每一個團隊領導者而言，如何有效激勵團隊成員，是擺在他們面前的一道難題。

第十一章

應對大客戶的價格挑戰

1

大客戶要求降價時的策略

　　面對 20%的大客戶總是要求產品價格更低，服務最好，應收賬款週期更長，然而公司的支持又不足，感覺無能為力，怎麼辦？

　　經常聽到大客戶說：品質、品牌、服務等固然重要，但是價格最重要，誰的價格低，我就買誰的產品，怎麼辦？

　　大客戶不斷要求降價，不降他就可能跑，總是非常被動，缺乏有效的方法與策略來應對，怎麼辦？

　　當銷售人員面對大客戶一次次的降價要求時，是否有種要崩潰的感覺。不降價的話，行銷成功的幾率往往非常小，但是

盲目地降價又會導致公司的利潤產生問題。針對大客戶最爲關注的降價問題，銷售人員究竟該如何應對？

　　往往在第一次見面時，一些客戶就會有意無意地問：「這個產品價格是多少？」其實，客戶本身或許還沒期望有一個明確的回答，這時候如果銷售員透露價格，客戶通常就會記在心裏，甚至馬上記在你的名片上。

　　顯然，過早地涉及價格對於最終達成有利益的銷售是有害的。要知道買賣雙方在交易過程中不斷試探對方的價格底線是從古至今的商道。雖然從一般意義上來說，底線間的交易都是雙贏的結果，但誰贏得多一點，誰贏得少一點則大不相同。過早涉及價格的直接後果就是洩露了自己的價格底線，喪失了銷售中的主動權。

　　同時，任何產品都不可能百分之百滿足客戶的需求並且肯定存在缺陷，這些都會變成要求降價的理由。隨著溝通的深入，降價要求始終貫穿於商務活動中，過早言明的價格無疑成爲客戶有的放矢的靶子。

　　所以，什麼時候報價是很重要的。一般報價的最佳時機是在溝通充分後，即將達成交易之前。這樣，一旦報價就可以直接轉入簽約，減少了討價還價的因素和時間。而且，在前期的溝通中，客戶需求都明確了，產品的優點和缺陷都達成了諒解，這時候這些因素已不再構成降價的合理理由。

　　在商務洽談中，不少人習慣用壓價策略來得到用戶的訂貨，對這種做法，應在不同條件下做具體分析，並非所有客戶都不接受高價產品，也不是所有低價產品客戶就歡迎。在與客戶的業務商談中，業務員要準確把握產品的報價技巧，力爭在

不壓價的情況下，同樣達成交易。

　　一個產品的價格，儘管其制定要依據一定的價值、供求、政策而定，但是在用戶的心目中，價格「昂貴」與「便宜」這兩個概念，經常受購買者需求的強烈程度、需求層次、購買力及心理因素的影響，具有濃厚的主觀色彩，至少用戶對產品價格的高低是不敏感的。

　　降價策略雖然具有強大的殺傷力，但只能在一定的前提條件下企業才會考慮採用。例如，生產能力過剩。面對生產能力過剩，企業需要追加新的營業額目標，但通過努力推銷產品、改進和其他措施都無法達到時，可以考慮使用降價策略，但降價的發起者往往會面臨一場激烈的價格戰。

　　由於工業產品每一個項目涉及的數額都很大，所以大客戶要求降價是經常的事，常常會貫穿在購買的每一個環節中。因此，降價是銷售人員很頭疼又不得不處理好的一個問題。那麼，既然不得不降價，每一個環節都要降價，降價有沒有什麼技巧、策略又能滿足客戶採購費用最低的要求，同時不超過老闆給予的價格幅度呢？

　　某大型單位預備購置一批新商務用車進行編組並進行基礎幹部配製，而不僅僅局限於轎車。消息一經放出，各製造廠銷售代理蜂擁而至。對方採購人員打電話給公司的市場部經理稱其單位以往有過合作。現在已有福特、鈴木、宇通、VOLVO等公司的報價，國產車 A 公司作為一個優秀公司，產品值得信賴，不過希望 A 公司最好能儘快報價。A 公司如果要拿下此單，必須在同類產品競爭中具備相當優勢，否則其採購經理可能不會考慮國產 A 公司。而在這樣眾多產品的競爭中，最容易引發

的無非就是價格戰了，而這也是無可避免的。

A 公司的區域市場部經理應該降價嗎？

採購經理打電話給 A 公司的市場經理，表示單位計劃採購估計有 4000～4500 萬元的銷售額，但是已有 2000 萬元被奧迪拿下，具體事宜正在磋商。剩下大約 2500 萬元的購買額期望能重新報價，若價格不合適就放棄剩下的採購計劃。A 公司的經理準備降價，且有 300 萬元的空間。下表中的 4 個降價方案，究竟那個最為合理呢？

表 11-1　4 個降價方案

序號	第一輪	第二輪	第三輪	第四輪
A	150萬	90萬	60萬	0
B	75萬	75萬	75萬	75萬
C	120萬	90萬	60萬	30萬
D	141萬	84萬	51萬	24萬

價格往往是大客戶比較關注的購買因素之一，產品的降價處理往往從一開始提及價格到最後簽約都會被不斷提出。預防和解決該類客戶的降價處理，自然可以促進銷售的成功。但是銷售人員在銷售過程中如何降價呢？降價有沒有什麼技巧呢？

在案例中，A 公司公司提供了 4 種方案。A、B、C、D 4 個方案的降價總額度都是相同的，都是 30 萬元。

A 方案採取了分別是 150 萬元、90 萬元、60 萬元的 3 輪降價方式，B 方案採取了分別是 75 萬元的 4 輪降價方式，C 方案則採取了分別是 120 萬元、90 萬元、60 萬元、30 萬元的 4 輪降價方式，而 D 方案採取了分別是 141 萬元、84 萬元、51 萬元、

24 萬元的 4 輪降價方式。

這 4 種不同的方案，那個最合理呢？

首先，最容易被淘汰出局的是 A 方案，因為該方案只有 3 輪的降價，雖然每次降價的額度很高，而且總的額度和其他方案相同，但是從心理學的角度來看，經歷的降價次數越多，買家在心理上會覺得價格要比原價更便宜。因此，在這點上 A 方案就沒有其他 3 種方案的優勢。

其次，B 方案也較容易被淘汰出局。雖然 B 方案採取了 4 輪降價，但是採取了平均主義的政策，即每輪降價的額度都相等，很容易使買家認為產品的報價要高於產品的實際價值，還可以壓低該產品的價格。

最後，我們來比較 C 方案和 D 方案，兩者都採取了 4 輪逐步降價的方式，但是 C 方案每一輪的降價都要比前一輪少 3 萬，而且每輪都採取了一個很規則的數字。D 方案不僅在每輪降價的數字上採取帶小數點的數字，而且在每兩輪的降價差額上也是遞減趨勢，這就很容易給買家造成銷售商事先經過嚴格的計算，而最終的價格可能是最大限度地接近於實際價格的印象。因此，從這點上分析 D 方案要優於 C 方案，成為 A 公司選擇的方案。

由案例分析發現，降價也是講究策略的，相同的降價範圍，方式不同，最後獲得的效果也是不同的。

在大客戶銷售中，內在價值型大客戶是最重視產品價格的。此類客戶主要以交易為主，注重因素主要是價格和方便，他們認為產品非常透明化、無特色和大路貨，故此對交易價格特別敏感，經常會要求降價。

降價的策略

企業在進行降價時，一共有 4 點策略需要注意。

(1)把握降價時機

過早涉及價格的直接後果就是洩露了自己的價格底線，喪失了銷售中的主動權，因此，把握降價的正確時機很重要。合適的降價時機，不僅可以為公司贏得更多的主動權，為公司爭取更多的利潤，同時也滿足了客戶的降價要求。

(2)注重降價策略

價格敏感型大客戶關注的焦點就是價格，因此他們目標明確，就是如何以最低價格購進產品，此類型的客戶經常會派不同面孔的人來殺價。

未明確是否降價之前，關鍵是要明確客戶在內部的採購影響力或決策力。假如並不能確定採購人員在採購流程中的角色，降價則只能是「不一定」。一般的銷售人員如果想急於拿下這個項目，就會在採購人員前輕易降價。而採購人員的職能主要是收集信息，並不能起到最後定奪作用，因此銷售人員很容易就會陷入客戶的「圈套」，在逐次經過採購經理、副總甚至最後拍板人這些關口時「斬價」。

每一次降價都意味著公司的利益的進一步損失。有時有些銷售人員把握不住重點會將價格一降再降，導致公司的利潤不斷下降，因此只有在項目中的關鍵角色前才開始降價是一個明智的選擇。只有在關鍵角色的人面前才降價，可以大大減少降價的次數，而對非關鍵角色最重要的是以尊重為主。

(3)讓客戶有滿足感

尋求最低的談判價格以促成銷售。在降價的過程中，讓客

戶有滿足的感覺往往可以使價格談判更容易進行。

⑷視線的合理轉移

將降價的談判轉移到產品附加的價值上面。客戶有他額外的需求，當這些需求給客戶帶來的利益高於談判所得價格時，他就會很可能放棄、忽略或者降低降價的要求。

2

針對不同類型大客戶的應對策略

銷售人員在與大客戶的交往中往往會發現，不同的大客戶對於採購有不同的習慣或要求，要滿足每一個客戶的不同要求，常常讓銷售人員覺得力不能及。而資深的銷售人員在應對不同的大客戶時總是遊刃有餘，有不同的應對策略。是否可以將大客戶進行類分，不同類別的大客戶採用不同的策略？劃分的標準是什麼呢？不同的客戶又有怎樣的應對策略呢？

某鋼製造有限公司針對集中不同的大客戶而做的差異化戰略。有 3 個不同的客戶分別對該公司做了產品的瞭解。

A 客戶：來自本省某製造企業。

「我公司需購買一批×××規格型號的產品，產品數量50000。目前已經有兩家國內企業和一家跨國企業進行報價。因為想獲得更多的選擇，所以諮詢貴公司的最低報價。我公司將

在一週內做出採購的最終決策。」

B客戶：來自某製造集團企業。

「採購期一般是 5～8 個月。我公司需要諮詢關於×××產品的信息，並且想瞭解其安裝和使用過程中可獲得的服務和指導。希望有企業能有一套關於如何選擇、如何使用、保養其設備的服務，等等。」

C客戶：來自某大型汽車製造企業。

「我公司需要進行部份零件的外包，以專注核心技術設備的生產，來提升企業產品品質和產量。希望相互之間產品形成補充，最好高層之間能達成協調，等等。」

上面的案例，A、B、C客戶分別屬於 3 大類型客戶中的內在價值型客戶、外在價值型客戶、戰略價值型客戶，其重視的分別是成本因素、產品本身和增值服務、合作方案和資源的合理互補等。

對於不同的客戶，銷售人員應該根據其價值取向採取不同的策略行銷，然後有針對性地推銷。通過滿足其個性化的需求來維持與客戶之間的關係，而不是硬向客戶推銷想賣出去的產品。

不同類型大客戶的應對策略

1.內在價值型大客戶

特點：熟悉所購買的產品，不相信所謂銷售附加值，盼望減少銷售環節。

客戶：「不要派你的銷售人員到我這兒來，把你的報價直接送過來就行了。誰的價格低，我們就用誰家的。」

銷售人員：「好的，但是，這個配件是我們公司的獨家產品。」

客戶:「我不在乎配件,我只要求價格。」

針對這種客戶,銷售人員要在價格中打開銷售缺口。

如:「如果我們的服務能讓您的銷售業績提高 30%,您一定有興趣聽,是嗎?」

「如果我們的服務可以為貴公司每年節約 20 萬元開支,我相信您一定會感興趣,是嗎?」

行銷秘笈:

(1)提出交易數量高的商品。

(2)提升行業的特色與行業壁壘。

(3)降低銷售成本,降價。

(4)改變銷售管道與仲介人的數量。

(5)不做這個項目,保持公司的定位。

(6)推薦新的產品。

2.外在價值型大客戶

特點:願意建立超出直接交易的關係,相信銷售人員能創造出真正的價值。

客戶:「我們對你們的產品還有很多地方不瞭解。」

銷售人員:「我們的銷售團隊會為你一一解答。」

客戶:「你們的銷售團隊,非常厲害,相信會為我們企業創造更多的價值。」

銷售人員:「我們的團隊一定會與你們的採購項目保持一致,並提出一些優化的建議。」

針對外在價值型客戶,銷售人員要強調銷售團隊能為他創造更多的價值來打動客戶。

如:「我們的銷售團隊是一個專業的團隊,有資深的銷售人

員，還從國外請來了一些技術方面的專家。我相信我們的團隊，不僅能爲你們的採購項目提供更多的方便，給予更專業的指導，還會在你們公司產品使用的基礎上提出一些更適合你們的優化項目的好建議。」

行銷秘笈：

⑴利用項目團隊來發展作用。

⑵越早越好(教育客戶)。

⑶發展內部的 SPY(教練買家)。

⑷發現能影響買家的人。

3.戰略價值型大客戶

特點：買賣雙方關係平等，共同創造價值。

客戶：「希望通過這次我們的合作，能夠促進彼此企業的共同進步。」

銷售人員：「希望我們可以一起提升社會資源的利用率，同時減少企業成本的運用。」

客戶：「好的，同時，我希望你們的報價迅速、發貨及時、有專業的技術人員服務。」

銷售人員：「當然，我們企業的綜合實力決定了我們的優秀，相信這也是你選擇我們合作的原因。」

戰略價值型的大客戶希望通過合作，共同創造價值，銷售人員的突破點在於，如何讓客戶感覺到你們的產品帶來的彼此價值的提升。

「不斷有客戶提到，公司的銷售人員很容易流失這一現象，這實在是一件令人擔心的事情。」銷售人員引起了客戶的注意。

「對啊。」客戶覺得非常在理。

「我們公司研發出一款新的管理系統軟體，對於銷售人才的管理有一個新的提升。我們在很多公司進行了試用，都分別為客戶的銷售額進行了不小的提升……」銷售人員介紹了產品的使用效果。

「我們公司非常有興趣試用。這不僅是提升我們公司實力的機會，更是提升整個銷售行業的轉捩點。」客戶一下子被吸引住了。

銷售人員：「我們的技術是國際水準的，我們的服務網點覆蓋全面，所以在這方面請放心。同時，我們的工作人員會進入你們內部進行數據的採集，以不斷提升系統。」

客戶：「沒問題，我們需要你們的支援。」

行銷秘笈：

(1)想方設法為他創造非一般的價值。

(2)給他們提出超出他們計劃的建議和合作方案。

(3)在不影響公司發展的情況下，提供給他盡可以提供的資源。

(4)平等相處，和氣生財。

對於戰略價值型客戶，必須要協同公司內部的高層一起來協調，因為資源互換往往不是銷售顧問能夠決定的。需要特別注意的是雙方高層之間的互動以及資源的合理互補。

3

大客戶不斷提出無理要求的處理方法

　　大客戶是企業 80%利潤的來源，所以企業對於大客戶的要求總是有求必應，有時甚至以犧牲自身利益來滿足大客戶的要求。然而，一些大客戶正是抓住了這點不斷地對企業提出無理的要求，甚至達到了公司的臨界點，這時企業該怎麼辦呢？不滿足客戶的要求項目就會做不成，滿足大客戶，企業的損失又太大。有沒有辦法魚和熊掌兼得呢？既能贏得客戶，同時企業也不必犧牲太大，建立良好的合作夥伴關係呢？

　　最近銷售員李先生非常苦惱，手頭上的一個澳洲客戶的項目，讓他很是頭疼。

　　「你好，我是李先生啊，你們上次定的貨，我們可以發貨了，你們什麼時候要呢？」這個澳洲客戶已經合作兩年，所以李先生不想放棄。

　　「李先生啊，受到金融危機及匯率影響，我們公司現在也很難做。這樣吧，合作這麼久了，我們公司老總說了，那批貨除非你們降價才考慮要貨。」

　　下單時，客戶催促貨很急讓李先生公司先生產，由於是老客戶也沒擔心什麼，之前都是按時付定金，為儘快交貨就直接

安排工廠生產了……

　　一個月後，客戶說要取消定單。

　　「一來，匯率變動，成本也升高無法讓定單繼續。再加上金融危機的影響，原材料的價格下降，這樣產品的成本也隨之下降，所以我們希望降價。」這是澳洲客戶要求降價的理由。

　　「現在唯一的辦法是讓公司降價啦。」於是，李先生去找銷售經理商量。

　　「我們公司經過商量，老客戶了，允諾給降 10%。」這個價格客戶同意。但是，後面客戶的要求更過分。

　　「李先生啊，我們公司要求付款方式是 40%的定金，其餘60%的款項將在產品試用後打到你們公司帳號上。」

　　「這樣吧，我們公司要求有 70%定金，否則公司不同意，定不了艙位。」

　　李先生打算用這個理由說服客戶，但是客戶不同意。

　　如果同意了澳洲客戶最後無理的要求，那麼，這個項目公司不僅沒有利潤，還可能會倒扣錢。但是，如果不同意，就會失去這個固定客戶，對公司影響也會很大。由於大客戶對於公司的重要性，在銷售過程中，公司對於大客戶的要求總是一一答應。客戶要求銷售員李先生降低價格，公司迫不得已同意後，客戶還是不滿意，又提出更過分的付款要求。

　　有時企業一味地討好、巴結大客戶，大客戶還是不滿意。大客戶不斷提出無理的要求，已經到了公司限界點時，銷售人員該怎麼辦？

　　醫治企業與醫治病人一樣，要藥到病除，最重要的就是找出病源。企業經過幾次的部門會議，清楚地知道公司之所以出

現被客戶限制的問題,在於與澳洲客戶集團的溝通管理上。

從管理的職能上講,公司與澳洲客戶集團的市場部、行銷企劃部和總裁辦這 3 個部門之間聯繫最爲密切,公司的許多生產計劃與市場策略都必須由這 3 個部門分別呈交。由於澳洲客戶集團內部信息傳遞緩慢,部門之間缺乏溝通,公司提交的方案往往要經過很長的時間才能被澳洲集團管理層所看到。並且這 3 個部門有互相推諉與制約的現象,導致客戶對公司的信息不能讓每個部門都有所掌握。所以才導致了客戶總是對公司提出無理的要求,一直影響了公司的運作,造成非常不利的影響。

爲了結束這種被客戶牽著鼻子走的被動局面,經過慎重的考慮,公司決定採取 4 項客戶管理措施,改變雙方的合作方式:

(1)強化與客戶對口部門的內部溝通。

(2)加強與客戶最高領導層的交流。

(3)以戰略規劃推動客戶工作。

(4)加強客戶的危機感,強化企業與客戶的互利關係。

在銷售員的努力下,加上客戶管理措施的到位得力,公司與澳洲客戶之間的合作摩擦大大減少,這使得銷售員可以完全放開手腳去擴大自己的進一步合作計劃,而不是處處受制於客戶意志,公司與澳洲客戶集團都獲得了巨大的市場回報。

所以,當大客戶不斷提出無理的要求,已經到了公司限界點時,企業不應該一味地忍讓,以損害自己的利益來討好大客戶,客戶與企業之間的交易應該是雙贏的,這時,企業應該辯證地看待客戶與企業之間的關係。

行銷秘笈:辯證看待客戶和企業之間的關係

(1)從某種角度而言,客戶與企業之間可以說是既相互依存

又互相鬥爭的關係。企業既要將客戶當成上帝，最大程度滿足他們需要，又不要完全受制於客戶、聽命於客戶，否則企業的運營也必將步入歧路。

(2)如何處理客戶的權力干擾，對於企業的獨立運作來說，是一道難題。

在越來越強調互動合作的商業社會中，企業不僅要應對競爭對手、政府、供應商、媒體等諸多外部團體，更要考慮到如何面對不斷膨脹的客戶話語權力——客戶無論大小，只要處於買方社會，市場就會自動賦予客戶制衡企業的某種權力。

要有效制衡客戶的權力干擾，一方面也是最重要的一點，就在於加強與客戶的溝通，讓企業的運作獲得客戶的理解，使客戶能夠站到企業立場上看事情；另一方面也要巧妙地向客戶透露出某些暗示，表明雙方之間是一種互利互惠的關係，而不是企業完全受惠於客戶，讓客戶消除某些自大心理，避免他們過多無謂干擾。

(3)成功的客戶管理就是要讓客戶既離不開企業，又不讓企業完全受制於客戶。

這種若即若離的關係處理需要很高的管理哲學。可以說，生產出高品質的產品，只是讓企業獲得市場生存的准入證；制定出高水準的行銷策略，則可以讓企業獲得發展的機會；而只有做好客戶管理，才能為企業贏得日益龐大的忠誠客戶群，讓企業從此飛騰壯大。

客戶與企業的合作應該達到雙贏的結果才是最理想的，然而要做到雙贏是很多企業所希望達到的，怎麼做到這一點卻很難。企業與客戶之間應該建立正確的認知關係。

第十二章

建立與大客戶的關係

1

建立客戶關係的各個層面

人際關係有一些基本的層面。我們知道，要使客戶感覺到一種客戶關係的存在，必須具備幾個基本的特徵。不管是和個人的關係還是和一個公司實體或組織的關係，這都是適用的。

這對基本特徵和客戶關係的其他特徵比起來，更加核心，更加重要。不同的個人認為的重要性不一樣。雖然只有某些特徵是客戶關係所必需的，但是這些特徵具備得直多，他們感覺強烈，客戶就會感覺與服務的提供者或公司靠得越近。

公司面臨的一個挑戰就是，要理解如何在和客戶打交道的過程中運用客戶關係的一些基本原則。那些讓兩個人之間產生

強烈的、穩固的、真正的關係的東西，也是讓一個公司和它的客戶之間產生同樣關係的重要因素。

現在我們開始探討如何將真正關係的這些基本層面，轉化為良好的客戶關係的組成部份，以及公司如何避免減弱這些基本特徵的行為。

1. 信任

我們怎樣才能向客戶表明我們是信任他(她)的呢？或者我們怎樣才能斷定我們沒有向客戶傳達我們不信任他/她的資訊呢？在前面我們已經看到，彼此信任是真正的、長久的客戶關係的最重要的特徵。但是，怎樣才能建立這種信任？你該從何處著手培養客戶的信任感？在客戶和公司交往的許多方面，信任是一處重要的因素。客戶必須在他的腦子有這樣的一個印象，即公司是為了他們的利益著想的，而且他們對客戶來說是值得信賴的。

當客戶允許送貨上門的雜貨店主將自己早上預定的東西送到家並讓他進門時；當即使客戶對沒有發票的服裝店也包退客戶認為並不合身的毛衣時，公司和客戶之間就產生了信任。而當年輕的小夥子說不想進任何一定零售店，只是因為他們感覺零售店的員工一直在看著他們，這時零售店對它的客戶就缺乏一種信任。事實上，如果客戶經常談論他們與公司做交易時的信任問題，那是非常奇怪的。只要客戶有不被信任的感覺，那麼良好的客戶關係永遠建立不起來，認識到這一點也是非常重要的。

保險公司給一個最近因火災而喪失了家園的客戶迅速賠償的例子。在這種情況下，要挑起關於火災是如何發生的、是

誰的責任等等問題的爭論是非常容易的。這些問題當然是需要回答的重要問題，但在短期內保險公司必須要保證滿足客戶當時感情方面的需要。在這種讓人悲傷的時刻，不能給客戶施加任何其他的壓力。通常及時的賠償，保險公司就向客戶傳達了這樣一種資訊，即它是信任客戶的，而且它也值得客戶信賴。

2. 信賴

一家公司如果讓客戶覺得它是可信賴的，那麼它就很容易建立起持久的客戶關係。這就要求你兌現自己的諾言。當你說了你要做什麼的時候，你必須按你說的去做。以電工為例，如果某個客戶要求他做某件事，他說可以馬上到，那麼他就要及時在工作現場出現，而且如果他估計要遲到，必須提前打電話讓客戶知道。再拿某個公司來說，如果因為履行諾言而有成本支出，那麼它應該主動承擔下來，即使因這種成本支出而減少了公司的利潤或導致了損失。

客戶也應該明白，與他們打交道的公司是知道他們的需求的。以托兒所為例，它可能會比正常情況遲幾分鐘關門，因為他們的客戶主要是正在工作的年輕夫婦。他們偶爾也會不能按照規定的時間來接孩子。托兒所做這些事當然是不額外收費的，而且還要面帶笑容。客戶會很讚賞托兒所提供的這種額外服務，而且他們也非常樂意向他們的朋友或同事講起他們受到的良好服務。

3. 共同目標

共同目標——「我們信任你所信的」——和分享價值——「這些東西對我們大家都很重要」。公司可以把自己放在「家庭領隊」的位置上，從而將這兩方面的價值資本化。這就像某電信公司

所做的那樣，面對電信市場的激烈競爭，某電信公司積極支援當地經濟和社區的發展。這項戰略使得客戶和電信公司的關係越來越深了。

4.尊重

所謂尊重，不只是「別人為做了什麼，你就為別人做什麼」這麼簡單。舉個例子，像蓋普(The Gap)、沃爾瑪(Wal-Mart)這樣的公司在商店的入口處安排禮儀小姐或禮儀先生，只要有客戶光顧他們的店鋪，禮儀小姐或禮儀先生都會在他們剛走進門的時候就給他們以會心的微笑，並禮貌地向他們問好。在蓋普，公司教導自己的員工，對所有光顧店鋪的客戶，只要他們走進店鋪，一定要在 60 秒內接近他們，為他們提供幫助或者與他們交談。這樣做的目的就是為了讓客戶感到他們是受歡迎的，他們也覺得在商店購物非常舒服。這樣還可以讓客戶獲得個性化的購物經歷，否則他們只能自己購物，毫無個性化可言。

雖然這可能是商店創造友好氛圍的一種非常合理的方法，但是也有很多人不喜歡這樣。他們會認為那些主動與他們打招呼的小姐或先生過分熱情，過分「給你關注」。一些人就是不喜歡這種類型的表示友好的方法。他們只想進商店購物，然後出去。沒有意識到這種客戶行為的公司往往會適得其反：雖然對這些客戶報以熱情，但實際上疏遠了這些客戶。公司怎樣才能避免這種風險呢？首先，公司的經營策略必須足夠靈活，當禮儀小姐或禮儀先生感到某個客戶不喜歡這種熱情服務的時候，就不要主動與該客戶打招呼。其次，公司必須經常訓練自己的員工，使他們能夠識別那些進店的客戶表現出希望獨處的跡象。

5. 信息

對客戶的認識並不意味著盡可能多地搜集客戶資訊，把它存在一個資料庫中，以備將來之用。公司需要向客戶傳達這樣的資訊：比如說，我們認識您，我們正在傾聽您的意見，我們知道您的需求。可以通過一些簡單的客戶服務形式來完成，比如用客戶資料庫存進行分析，與那些在過去一個月工資中購買公司產品的客戶聯繫，感謝他們的惠顧。

真正的客戶資訊——遠遠不只是那些有關去年一年他們向我們的總支出是多少，或者計算他們已經從我們這兒買了多少產品的資訊——在創造和鞏固親密的客戶關係方面是一個非常有價值的工具。而真正地認識客戶的關鍵就在於搜集恰當的資訊，並合理地運用這些資訊，讓客戶對我們印象深刻，去創造那種讓客戶驚喜的時刻，從而使客戶與會靠得更近。

心得欄

2

與客戶建立合作夥伴的營銷工具

1.增加財務利益

公司可用兩種方法來增加財務利益：頻繁營銷計劃和俱樂部營銷計劃。頻繁營銷計劃就是向經常購買或大量購買的客戶提供獎勵。頻繁營銷計劃體現出一個事實，20%的公司客戶佔了 80%的公司業務。

南方航空公司是實行頻繁營銷計劃的公司之一，它決定對它的客戶提供免費里程信用服務。一些旅行社的票務部也採用了這種計劃，常訂票的客戶在積累了一定的分數後，就可以享用訂票免手續費或免費旅遊。信用卡公司開始根據信用卡的使用水準推出積分制。廣州好又多公司為它的會員卡持卡人在購買某些商品時提供折扣。今天，大多數的連鎖超市提供「價格俱樂部卡」，向它們的成員客戶提供折扣。

一般來說，最先推出頻繁營銷計劃的公司通常獲利最多，尤其是當其競爭者反應較為遲鈍時。在競爭者做出反應後，頻繁營銷計劃就變為所有實施這種策略的公司的一個財務負擔。

許多公司為了與客戶保持更緊密的聯繫而實施了俱樂部營銷計劃。俱樂部成員可以因其購買行為而自動成為該公司的

會員，如飛機乘客或食客俱樂部；也可以通過購買一定數量的商品，或者付一定的會費成爲會員。

另外，開放式的俱樂部在建立資料庫或者從競爭者那里迅速爭搶客戶是有好處的，但限制式的會員資格俱樂部在長期的忠誠方面更強有力。費用和會員資格條件阻止了那些對公司產品只是暫時關心的人的加入。限制式客戶俱樂部吸引並保留了那些對最大的一部份生意負責任的客戶。

2. 增加社交利益

這裏，公司的員工通過瞭解客戶各種個人的需求和愛好，將公司的服務個別化、私人化，從而增加客戶的社交利益。從本質上說，明智的公司把它們的顧客變成了客戶。

對於某個機構來說，顧客可以說是沒有名字的；而客戶則不能沒有名字。顧客是作爲某個群體的一部份獲得服務的；而客戶則是以個體爲基礎的。顧客可以足公司的任何人爲其服務；而客戶則指定由專人服務的。一些公司措施，把它們的客戶集中在一起，讓他們互相滿意和享受樂趣。

3. 增加結構性聯繫利益

公司可以向客戶提供某種特定設備或電腦聯網，以幫助客戶管理訂單、工資、存貨等。例如，美國著名的藥品批發商麥肯森公司就是一個很好的例子。該公司在電子資料交換方面投資了幾百萬美元，以幫助那些小藥店管理其存貨、訂單處理和貨架空間；另一個例子是米利肯公司向它的忠誠客戶提供運用軟體流程、營銷調研、銷售培訓、推銷培訓和推銷指導等。

4. 提供顧客滿意的產品和服務

優質適用的產品和良好的服務是建立客戶關係的基本條

件。爲此，企業營銷人員要通過具體瞭解每個客戶的需求特徵，使企業提供的產品和服務具有針對性，更好地滿足顧客個性化的需求。摩托羅拉在這方面做得很好。摩托羅拉每年都要推出幾種流行款式來領導市場，滿足個性化的需求。摩托羅拉 C289 有 50 種個性鈴聲和七種背景燈，可以爲每位用戶預設不同的背景色和不同鈴聲，來電全部掌握手中。這樣就贏得顧客在認識上的信任，逐漸成爲企業忠實的顧客。

5. 提供附加利益

在向顧客提供某種產品的基礎上，企業還應注意提供顧客需要的各種附加利益，以使顧客的購買投資得到預期回報，實現利益最大化。在產品特徵相近的情況下，提供附加利益還可以使企業形成區別於競爭者的優勢，使顧客感到企業時刻爲他們的利益著想，逐步贏得顧客的好感並加深信任。目前，企業爲顧客提供的各種附加利益越來越多，如是對所購產品進行定期檢查、維修，以及使用培訓、選色諮詢、產品更新改造、用途開發等等。通過這些附加利益，不僅顧客感到滿意，也使企業產品和服務的效能得到最好發揮。實際上是使雙方共同受益。Midea 公司在促銷其微波爐時，常常要附加上許多贈送產品，包括食具、飯鍋等一系列產品。許多軟體公司也許諾提供網上升級服務，這樣就會使客戶感受到附加利益的好處，促進產品的銷售。

6. 建立有效、暢通的聯繫關係

你注意過聯合利華公司有什麼變化嗎？如果沒有，請你觀察一下牙膏的左下角，有一排小字。「如您對產品及口腔保健有任何諮詢，歡迎撥打聯利華消費者服務部，免費電話：000—

00000，來信請寄××××。」你會不會感覺到公司很親切？公
司一下子就贏得了顧客的信任，關鍵的是企業與顧客之間建立
了方便和有效的聯繫，形成了雙方得以互相聯繫的紐帶。這是
保留老客戶的重要手段，主要包括兩個方面：一是企業銷售人
員要能夠找到顧客，並具有一定聯繫手段和技巧。這需要建立
顧客檔案，提供顧客、潛在顧客的資訊，同時針對顧客特點選
用訪問、電話、信函等多種方式與顧客取得聯繫，引起顧客注
意。另一方面，企業要為顧客提供找到企業、提出各種要求的
管道，並保持管道暢通，使其感到隨時可以得到來自企業的幫
助，可以依靠供應商解決問題。惠普中國公司為主要客戶提供
二十四小時技術服務，呼叫電話隨時答覆顧客的服務要求和使
用諮詢等。這對於贏得客戶信任、建立良好關係十分有效。

7. 抓住時機、吸引顧客的注意

傳輸對方樂於接受或即時需要的資訊是最為有效的，因
此，企業銷售人員的促銷等活動，不能按自己的時間表和主觀
意願安排，而要抓住顧客最需要的時機與之接觸，以給對方留
下深刻印象。

通過對顧客進行分析，發現不同顧客目前最需要得到什
麼，及時進行針對生聯繫，才能引起顧客的注意和好感。例如，
對企業的潛在顧客提供技術、實用性諮詢，對於剛剛購買企業
產品的顧客，提供使用便利的指導，對於老顧客提供重覆購買
的便利、優惠和定期送貨等。

8. 激發顧客建立關係的願望

建立顧客關係不能只靠企業一廂情願，而是要有雙方的共
同願望。所以，企業應採取有效措施，激發顧客建立關係的願

望。實際調查結果表明，有時顧客也會樂於與企業建立關係，其主要原因是希望從關係中得到優惠和特點關照。所以企業可以通過獎勵購買行為建立雙方的良好關係，如再購買折扣，一些商店、飯店為老顧客提供額外服務和獎品，實行產品以舊換新、折價也是建立顧客關係的有效方法。

此外，顧客建立關係的願望還來源於希望減少購買風險。顧客購買產品時總會面臨一些未知數，如產品退換問題、按時供應問題等。因此企業銷售人員要注意瞭解不同顧客意識到的風險有那些，有針對性地提出承諾，並真正履行，儘量減少他們的顧客，與企業交易的安全感是顧客與企業建立關係的最主要的動力之一。

9. 制定合理的價格

企業能否制定合理的價格，做到公平交易，是獲得顧客信任的重要條件，也是建立雙方良好關係的基礎。從企業方面看，所謂合理價格就是既保證企業適當利潤，又兼顧買方利益，在必要的條件下和可以適當的範圍內提供價格優惠。從顧客方面看，也應意識到過分要求賣方優惠是不現實的，這樣也會失去供應商。有時，企業銷售人員迫於一些老客戶的過分要求而不得已中斷雙方聯繫。

目前企業制定合理價格的一個有效方法是實行動態報價。這主要包括兩種形式。一是列出包括一個或一套產品和各種服務的系列價，由顧客根據需要進行選擇，他們要求的服務越少，則價格越低。這就不僅使顧客根據需要得到必要的產品和服務，也使企業的服務成本得到合理補償。另一種動態報價為付款時間、方式、折扣系列價格。如 10 天之內付款折扣 20%，

10~20 天之內付款折扣 10%，20 天以上付全價。為了使價格更為合理，有些企業甚至實行按天折扣率，如在 20 天之內，每提前一天折扣增加 1%。這實際上是讓顧客自己控制他們所能得到的優惠，又保證了企業的及時收款和加速資金週轉利用。

　　動態報價實質上是實行企業與顧客雙方互利，即使顧客十分清楚可能得到的優惠，並掌握一定主動權；在給予顧客價格合理的同時，又使企業降低成本、保證貨款回收和利潤水準。在建立客戶關係中，企業銷售人員必須意識到趁供不應求等機會牟取暴利會失去顧客；過多的優惠也是企業無法承受的，這同樣無法建立顧客關係。而以合理價格保證「互惠互利」才是建立良好關係的重要途徑。

3

公關工作要恰到好處

　　「人幫人成王，土幫土成牆」，人與人的交往在這個社會中是最重要的一種關係。不論做的是什麼工作，銷售也好，市場也罷，當人與人的交往積累到一定程度時，就會爆發出巨大的力量，很多問題也就因此可以迎刃而解。

　　擁有良好公共關係的團隊，將會降低「費用」，提高「效率」，就更容易獲得成功。也正因如此，所有銷售團隊都要格外注重

對大客戶的公關工作,搭建一條最平坦的和大客戶交流的通道。

1.如何與大客戶中不同類型的決策人相接觸

大客戶經理需要與大客戶不同階層、方方面面的人接觸,因此,就必須掌握和他們的相處之道,擇其愛好而爲之,這樣才能討得他們的歡心,讓接下來的工作事半功倍。否則,一味按照自己的喜好行事,只會給自己處處設絆,所及之處都是阻礙你成功的絆腳石。

大客戶內部 7 種不同類型的決策人:

⑴鄙視型

這類決策人往往認爲:「你不就是一個銷售人員嗎?你不就是想從我這裏拿點錢回去嗎?你不就是惦記著你的業績嗎?」更有甚者,他們認爲銷售人員就是騙子,經常對其冷嘲熱諷,言辭不恭。

⑵懷疑型

這類決策人常常想:「你的產品真的有說的這麼好嗎?它真的適合我嗎?你真的值得信賴嗎?看你的樣子,也不像賣好東西的人啊,一定是個騙子!」這類決策人行事謹慎,細微之處也不放過。

⑶觀望型

這類決策人拿不定主意,總是說「等等看,再等等看」,在買與不買之間猶疑許久,舉棋不定。

⑷專家型

這類決策人是產品專家,比較瞭解產品,對產品的技術、性能等因素異常關注,通常他們都是大客戶技術部門的專業人士。

⑸頑固型

這類決策人頑固不化，堅持己見，先入為主，根本聽不進銷售人員的勸說，他們通常趾高氣揚，不可一世。

⑹和稀泥型

這類決策人揣著明白裝糊塗，明知道已經內定了幾家銷售企業，現在只是走過場而已，反正閑著也是閑著，正好有個人給自己解悶，就給他和和稀泥。銷售人員往往不明就裏，使盡渾身解數，卻發現他們仍然不為所動。

⑺綜合型

這類決策人難以精確歸類，今天這樣，明天又那樣，集合以上各類決策人的不同特點，最難以對付。

面對以上形形色色、絕不雷同的決策人，銷售人員千萬不要一籌莫展。雖然每個人都是不同的個體，但是他們每一類相似的人群身上還是有著一些相近的特點，只要掌握好一些公關的秘訣，難題也就很快迎刃而解。

⑴對待鄙視型的決策人要謙卑有禮，降低自己的姿態

這類決策人習慣性地瞧不起銷售人員，認為對方與自己不在一個檔次上，更加不願意與其接觸。對待他們，銷售人員就要把自己的姿態降低再降低，對客戶的指責、譏諷和嘲笑都要有心理準備，不能因為對方的一些不中聽的語言就「怒髮衝冠」，要學會控制自己的情緒。待到對方發洩夠了的時候，他們就會為自己的無禮言行而懊悔，自然也會對銷售人員看高一眼，更加讚賞了。這時，再跟他們談生意就會相對容易得多。

⑵對待懷疑型的決策人要以理服人，最好能拿出足夠證據

口說無憑，任憑銷售人員把產品誇得天上地下獨一無二、

天花亂墜，這類型的決策人也不會相信。對待他們最好的辦法就是拿出切實可行的證據，最好輔以成功的實例。比如，「那個客戶在採購了這款產品後增加了多大利潤」這樣的話，可以在字裏行間自然流露；當然，如果能出示客戶使用後的記錄則更容易讓他信服。

⑶**對待觀望型的決策人要快刀斬亂麻，當斷則斷**

銷售人員在初次拜訪時就要首先弄清這類決策人的顧慮，以便做好準備，在今後的行動中才可以一針見血，直指對方的軟肋。對付這類決策人，銷售人員可以使用「激將法」刺激對方，促使他們早日拿定主意——買或不買。

⑷**對待專家型的決策人要用產品說話，實事求是**

說老實話，對產品貨真價實的銷售人員來講，遇到這類決策人真是你的福氣。這類決策人懂得產品的價值，瞭解產品的技術，根本不用你作過多的語言介紹就可以順利達成交易。但是，對於產品並不是很好的銷售人員來講，遇到這類的決策人就是他的噩夢了。

⑸**對待頑固型的決策人要尊重他的判斷，適當對其觀點進行補充**

對這類決策人，銷售人員可以說：「好像您原來的判斷還不夠完整，如果再加上這個方案可能就會完全解決這個問題了。」尊重他的觀點，並恰當輔以自己的觀點，既照顧了決策人的自尊心，同時也提出了自己的觀點，一舉兩得。

對待另外兩類決策人，就是仁者見仁、智者見智的事了。通常和稀泥型的決策人基本上是無藥可救，銷售人員一旦遇到這樣的決策人，就應該及早抽身，當退則退。遇到綜合型的決

策人就要見招拆招，兵來將擋、水來土掩，自求多福了。

　　大客戶決策人的類型千奇百怪，以上只是幾種有代表性的典型，更好的接觸對策還需要大客戶經理在與大客戶的接觸中去自己體會、領悟。

2.陪大客戶參觀考察，應重點突出什麼

　　邱敏是 Nike 公司大客戶銷售部的一員。有一次，她帶領一位重量級客戶的重要決策人來公司總部參觀，當然客戶在五星級酒店的住宿費和往返機票都是由公司承擔的，畢竟這些客戶每年都要貢獻數百萬美元的銷售業績。

　　邱敏帶領客戶進入公司的專用會議室，邀請公司副總裁親自與客戶見面，並介紹了當天的行程安排，然後還提醒客戶可以隨時享用一些小點心。她邊說邊指向會議室的一角，原來在那張桌子上擺了一些精緻的點心、飲料以及水果。

　　邱敏是受過專業訓練的，她在帶領客戶參觀的同時，著重向他們介紹了公司的商業模式，以及對供應客戶需求的影響。當所有的內容介紹完畢之時，他們也正好走到了工廠的門口。緊接著，邱敏又帶著客戶參觀了工廠。他們看到的是整個按訂單生產產品的流程、管理售後服務的技術部門，以及正在和客戶溝通交流的銷售代表。客戶對此非常感興趣，邱敏乾脆還請來了團隊中的其他管理和技術人員，對客戶感興趣的問題一一作了解答。

　　客戶回去後沒過多久，就開始向 Nike 公司猛下訂單。邱敏起初也很納悶，但日子久了，她也瞭解到了個中的奧妙：原來那位重量級決策人在參觀結束後，每逢公司開會就會談到 Nike 公司的管理模式很好，底下採購部門的人自然就認為老總傾向

於 Nike，自然就將所有的訂單投向他們了。

　　大量的事實證明，帶領大客戶參觀考察是一個絕好的公關辦法。參觀考察不僅可以讓大客戶瞭解企業的生產、銷售、服務的流程，在陪同大客戶考察的同時，還可以和大客戶進行面對面的交流，從大客戶的言談舉止間瞭解他們的採購意向，制定自己的銷售策略。

　　邀請大客戶的重要決策人參觀考察，最好處於大客戶採購的內部醞釀階段。大客戶的內部醞釀階段是最適宜邀請大客戶參觀考察的時機。這時，大客戶的採購還沒有立項，決策階層也希望盡可能多地瞭解所要採購項目的具體情況，考察銷售企業的狀況，以此決定是否進行投資。在這個階段與大客戶接觸，不僅容易達到目的，也易於給對方的決策層留下深刻的印象。

　　另外，被邀請的參觀人員應該屬於大客戶內部最重要的決策層人員，人數則貴精不貴多，以 4 人為限，這樣銷售人員才可以照顧週到，使他們絕對滿意。

　　陪同大客戶參觀考察，應重點關注的問題：

　　(1)與中小客戶不同，大客戶參觀考察一般會重點參觀企業的生產部門，因為這裏直接關係著產品的技術、品質以及性能，應是重中之重。

　　(2)挖掘大客戶的潛在需求是銷售人員陪同參觀考察的一項重要任務，參觀考察中和大客戶接觸的時間較長，可以充分和大客戶進行交流，取得大客戶的第一手資料。

　　(3)陪同大客戶參觀考察並不僅限於參觀自己的企業，同時也可以邀請大客戶參觀自己的成功客戶，以事實來證明客戶的選擇眼光，告訴對方：「相信我，沒錯的。」

⑷陪同大客戶參觀考察，比起一般的銷售拜訪時間要長得多，這就使得銷售人員擁有足夠的時間和空間與大客戶建立良好的互信關係，更容易說服對方，成功的可能性也就更大。

⑸陪同大客戶參觀考察要著重向對方介紹自己企業的管理模式、銷售模式等宏觀性問題，因爲受邀參加的大客戶一般是對方高層的重要人物，比較關注大局；事無巨細無可厚非，更重要的是擁有良好的大局觀念才能更對大客戶的胃口。

⑹在大客戶參觀考察的同時，要充分發揮銷售團隊的作用，讓技術人員、服務部門的主管共同參與進來，給大客戶展現一個互助合作、團結強大的團隊形象。

陪同大客戶參觀考察是一種非常有效的公關手段，同時它的代價相對也較高，要花費企業很大的精力和財力，每個銷售企業在選擇這種方式的時候一定要量力而行。俗話說，「好鋼用在刀刃上」，如果你能確定他就是你要找的大客戶，不妨做得漂亮點，一舉拿下對方。

心得欄

4

戴爾公司的客戶關係案例

　　戴爾公司以應客戶需求定制 PC 機而聞名於世，有時候甚至到了能滿足用戶近乎挑剔的各種奇特要求的地步。其實有些時候，太多的選擇性並不是一件好事。比如仔細想想，如果在一家在公司裏，每一個員工所有電腦的配置基本相同，那他們的技術人員就很容易從整體上將所有電腦連接起來。而如果相反，員工都可以無限制地選擇他們的電腦配置，則必然會出現這樣的情況：很多員工會想方設法將配置提升到遠遠超過工作需要的程度(比如會有這樣的奇談怪論：「哦，我需要一個音箱和 DVD-ROM 驅動器，因爲我要列印好多好多備忘錄！真的！」)

　　這恰恰說明了爲什麼戴爾能靠他的 Premier Pages 取得如此驕人的業績。Premier 頁面是戴爾的一個專業訂購網站。當戴爾公司贏得一家有 400 人以上的企業客戶時，它就爲那家客戶建立 Premier 頁面。Premier 頁面只不過是一套比較小的網頁，常常同客戶的內聯網聯接，讓獲准的僱員線上配置個人電腦、付款、跟蹤交付情況——每天約有 500 萬美元的戴爾個人電腦以這種方式訂貨。Premier 頁面讓客戶以能即刻得到技術支持

(再也不用在電話裏等待！)，與銷售人員聯繫。雖然戴爾公司有能力提供上百萬種不同的電腦配置，但 Premier Page 卻只允許用戶在 1000 種或 100 種或僅 1 種配置中進行選擇(它還允許客戶在未經公司採購部門同意的情況下更改所購 PC 機的配置)。就是通過這種對於定制選擇性的限制，戴爾既讓客戶公司的會計部門感到滿意，又幫助他們的 IT 部門健康發展。

Premier 頁面不僅對客戶有好處，對戴爾公司也有好處。Premier 頁面把訂貨錯誤減少到最低限度，從而降低了公司的開支；它們還把人手騰出來做只有人才能做的事。簡單地說，如果推銷員不必忙於跟蹤有關訂購單的傳真，他們就有更多的時間直接與客戶會談──真正進行推銷。

要知道這是怎樣運轉的，可以看一看拜耳公司(Bayer Corp.)，這是德國拜耳公司在美國的一家年收入 81 億美元的子公司。美國拜耳公司同戴爾公司簽訂了專租它的個人電腦的合約。租賃使機器的維修變得便宜而容易，但是文書工作(協調庫存，安排支付)十分複雜。所以拜耳公司請戴爾公司安裝 Premier 頁面，把所有需要跟蹤兩萬台出租電腦的人聯接起來。Premier 頁面這樣做了，並定期提交租賃管理報告。合約的行政管理開支下降了。拜耳公司硬體和軟體採購經理 Crowe 說：「如果沒有 Premier 頁面，我們要租賃就得再僱一批新人。」

由於租賃事宜在網上得到解決，戴爾公司的推銷員有更多的時間向 Crowe 瞭解拜耳公司關心的問題。Crowe 說：「他徵求意見，他知道拜耳公司的脈搏。他為我們解決問題，而不是只想著拿傭金。」

更重要的是，這一招讓戴爾的訂單如雪片般飛來、絡繹不

絕。公司每一天電腦及其配件的網上銷售額約爲 4000 萬美元──其中 2/3 的生意來自大企業集團、政府部門和教育科研機構。所有的訂單都是通過 Premier Page 而生成，這表示該站點每年要處理幾十億美元的生意。戴爾公司的員工在 1996 年是全靠手動將 Premier Page 建成並開通，並經歷了較長一段時間才使網站服務變爲自動化。時至今日，網站的固定用戶(擁有專有呼叫號碼)已經超過 46000 人。從事網上職業介紹的 Momster. com 公司，僅在一月份一個月就通過 Premier Page 訂購了 50 萬美元的戴爾伺服器。

　　Premier 頁面爲公司客戶專門設計，上面包括訂購資訊、訂購歷史、已經被公司客戶認可的系統配置，甚至帳戶資訊。戴爾的 Premier 頁面向 1100 餘個公司帳戶提供服務，爲這些公司中的每一個提供更好的網址和客戶名單。Premier 頁面幫助戴爾公司爲客戶提供更好的服務，這減少了公司電話中心的負擔，並幫助公司將它的市場擴展到全世界──大約 30%的 Premier 頁面是爲海外客戶服務的。

　　戴爾仍在繼續加大投資開發 Premier Page 軟體──最近已開發出14種語言的版本──這些工作也正在以各種意想不到的方式爲戴爾帶來滾滾財源。通過電話訂購，戴爾每次可比傳統方式省 8 美元，一年就是上千萬美元，而戴爾的電腦生產車間同樣高效無比：訂設電話確認之後，只需 19 分鐘便可開始按客戶要求定制電腦。董事長 Michel 戴爾指出，戴爾通過開拓網上業務已爲經爲公司帶來了可觀的投資回報率(一種衡量經營效率的指標：)從 1993 年的 30%猛增今年 292%。

　　然而戴爾真正收益來自於與用戶間更爲緊密的夥伴關

係。戴爾公司發現很多小公司將 Premier Page 作為一種不錯的定貨系統，於是就不斷擴展與這些小公司的業務往來。而與此同時，一些大公司卻願意與戴爾建立更為直接的採購關係。有些用戶在目睹了戴爾網上銷售所取得的巨大之後，便不斷地向戴爾公司諮詢如何開展自己的電子商務。戴爾的一名網上主管說：「許多人都對我們說，你們是怎麼做生意的，我們就依樣畫葫蘆吧。」

　　戴爾公司不斷改進 Premier P 頁面，給它們增加新的特色。其中的一個新特色是告訴買主，在以後的 12 個月那些戴爾電腦的型號將停產，那些將推出。Halligan 說，像過去數年那樣，將由客戶指導 Premler 頁面的演變，同時，戴爾正在與 B2B 集成商 Web Methods 公司合作開發捆綁電子商務產品，以便將公司的企業後臺、電子採購系統與戴爾和其他貿易夥伴聯繫起來。

　　這個名為「快速貿易夥伴實現行動」的產品是以戴樂的Power Edge 伺服器和 Web Methohs 的 B2B 的集成能力為基礎的，並包括了戴爾的電子採購、Power App 伺服器和諮詢服務。

　　據估計，戴爾年收入的 50%，即大約 160 億美元來自網上交易。B2B 的捆綁集成交使更多的公司能夠與戴爾進行網上交易。這一產品包括兩個不同的捆綁：集中捆綁包括戴爾PowerEdge2450 或 4450 伺服器和 Web Methods 的 B2B 的集成捆綁外加 PowerApp Web 伺服器和一個電子採購應用軟體。

　　戴爾的用戶可以通過公司的客戶工廠集成服務進行訂購。據悉戴爾已經完成了與多家提供電子採購應用流程的公司的集成。這些公司包括 Areba、Clarus、Peregrine、Systems、Right Works 以及 SAP。

第十三章

大客戶經理

1

針對大客戶的經理定位

　　大客戶經理的角色隨供應商中客戶關係的變化而變化，並不是說關係演變了，大客戶經理就必須進行改變。許多大客戶經理與客戶一起成長，而高級大客戶經理的任務是轉變關鍵潛在顧客，確定在新業務中使用那些技巧，以保證該業務的發展。

一、大客戶管理初期階段角色定位

　　在大客戶管理初期階段，購買方期望銷售企業負責其全部業務，採購決策者希望大客戶經理首先介紹產品及服務優越

性，使其完全理解產品。這時，大客戶經理需要分析並識別出決策者，說服他們花時間進行一次會談，然後，爭取更多時間向其描述美好的業務前景。此時大客戶經理溝通技巧非常重要。大客戶經理必須使採購決策者相信企業是想讓他獲得利益。這一點與其自身的願望是一致的！堅持不懈非常重要，而談判技巧也是必需的，這一點甚至應貫徹到決策者的生活小事中去。

雖然對大客戶管理孕育階段來說大客戶經理銷售技巧比較重要，但大客戶經理應該對所有人客戶和潛在客戶給予長期關注，避免「硬性」推銷。必須區分開街巷式談判與原則性談判。

街巷式談判意味著盡你所能取得勝利，而隱含的卻是喪失潛在顧客。這種談判方式，在那些把大客戶管理視爲做生意方法的企業中已經失去了地位。原則性談判是基於理性決策制訂原則，是基於現實因素並且尋求雙贏的選擇。

投資潛在顧客之前，必須明確建立可獲利關係的可行性。大客戶經理必須準備一份可信的長期計劃，用於在計劃的時間表中將該公司轉變爲大客戶，甚至是合作夥伴。大客戶經理還必須對潛在顧客進行調查研究：他們的財務情況如何？戰略是什麼？那些外部因素在影響他們(例如，法律、新技術)？他們所服務的細分市場是那些？他們的競爭者是誰？

對此研究之後，可以對客戶的潛力和企業實現目標的能力進行分析，具備長遠觀點非常重要。事實上，大客戶經理在大客戶管理初期階段搜尋潛在客戶，就必須扮演環境審視者的角色，爲以後的業務做好準備。

　　大客戶經理應懂得如何激勵大客戶，是什麼促使他們選擇企業，這些原因是否得到了進一步增強。如果大客戶根據價格決定購買，那麼決策者僅僅會進行有規律的交易，而大客戶經理也就局限於展示基本的技巧，如產品或服務的技術知識及進行偶爾的談判，關係也不會超越大客戶管理初期階段。如果存在更大的潛力，在贏得業務後，大客戶經理所面對的挑戰就複雜多了。顧客將可能選擇一段試驗期、前導期或限制條款合約，讓企業來證明自己。這種期望非常現實，大客戶也可能會希望立刻有看得見的改進。大客戶經理可能會被技術問題包圍，可能需要迅速回答這些問題，當然也可以由其他人來回答。此時，必須在顧客身上花費大量時間，觀察產品如何使用，並同各級別的人進行接觸。

　　總而言之，大客戶經理必須讓大客戶的決策者確信做出了正確決定。大客戶經理的誠信是必然的承諾。整個公司同樣需要如此，否則客戶關係不可能得到發展，可能逐漸退化。

　　大客戶非常重視誠信，但經常認為企業做得並不好。渴望誠信的企業只需詢問業務夥伴重視那些承諾，然後再兌現這些承諾就可以了。誠信是一種品質，準時並按時供應顧客的供應商就很可信。信守承諾會影響業務關係每一方的商業成功，所以應當對承諾的履行情況進行測量。

　　承諾方式也非常重要，這種區別於我們所論述街巷式談判和原則性談判時已經講過了。誠信的最後測試是未兌現諾言的處理方式。立即道歉和賠償會增強企業的忠誠。

　　除了必須確促業務的長期合作，大客戶經理必須要使下屬和同事認識到大客戶的重要性。大客戶經理還應關注大量細節

問題。這些細節問題主要是關於產品和服務的。進行私下的溝通工作，尤其是與那些在技術方面有的專長的同事進行溝通，應是大客戶經理的日常工作。這些工作包括解釋爲何要做某事，進行鼓勵並表示感謝同時還需要借助行政和組織力量來完成工作。

二、大客戶管理中期階段角色定位

如果企業的產品不錯，價格合適，一般大客戶願意與企業有大量的業務往來。在這種情況下，大客戶的決策者期望企業明確其重要地位，與大客戶經理密切聯繫，同時，大客戶也希望瞭解企業對其的評價。在選擇偏愛的供應商時，他們有理由期望供應商的大客戶經理能力與高層有直接聯繫。他們通過高層人士的參與程度來進行判斷，買方的決策者需要一位強有力的大客戶經理來促成並推進合作，這種需要隱含著更爲廣闊的業務前景。

如果大客戶認爲大客戶經理在企業中缺乏權威，那麼它們將不太情願將該供應商提升到「優先」地位，如果缺乏與其他部門聯繫，那就說明供應商合作意願不大。所以企業在此階段應該開始進行某種程度的大客戶團隊工作，即使這種工作是非正式的。

在此階段，大客戶經理需要開展深入的客戶工作。優先客戶地位是很重要的。企業當然希望大客戶經理已經建立起大客戶的信譽，現在正進行重覆銷售，大客戶經理應在充分考慮競爭的基礎上對戰略進行修改以獲得更多業務。在此階段，可能

會出現問題，因此必須保持敏感。因為某些大客戶決不會完全
依賴某一供應商，在這種情況下，必須認可某種程度的競爭共
存，客戶甚至可能要求競爭的供應商們一起工作以解決問題或
完成某個項目。大客戶經理應更多運用社交技巧來建立起大客
戶的人際網路，這能使企業在客戶內部介入的範圍更廣。組織
一些社交活動，讓企業和大客戶的員工會面並建立關係是可採
用的技巧之一，在企業其他部門的人員中形成幫助滿足客戶需
要的風氣也很重要，如果能建立一個非正式的跨職能團隊以提
升對某一客戶的服務就更好了。

　　大客戶經理必須掌握與大客戶有關的更多資訊，例如企業
文化及業務環境變化對其行為的影響。必須準備好展示其在財
務、營銷等方面的全方位技能，將關係提升到夥伴關係階段。

三、夥伴式大客戶管理階段角色定位

　　大客戶銷售轉變到大客戶管理這一過程是在此階段完成
的。確保雙方認同的績效得到滿足是大客戶經理此階段的重要
職責。

　　此階段，從戰略高度上來看，大客戶經理將會同大客戶的
決策者聯合制訂長期計劃，同時努力改進兩個企業間的業務流
程，這對雙方繼續發展鋪平了道路。

　　企業戰略人員要求大客戶經理經常在大客戶的高層進行
活動，並扮演戰略角色。此時，業務重點已由贏得業務量轉移
到進一步確保業務質量及削減共同的業務成本上。

　　所以大客戶經理必須關注業務創新，並通報給客戶。

四、協作式大客戶管理階段角色定位

在協作式大客戶管理階段，我們可以認為大客戶已經將企業(供應商)作為自我價值創造的一個有機組成部份。

改進和整合都非常重要，這就要求大客戶經理對過程設計和資訊技術有深入理解。

當對越來越多的過程進行審查時，「夥伴關係指標」也越來越多，可能會包括大量的績效要素。此時要保持警惕，進行監控和測量非常重要。通常情況下，應該是企業來完成這些工作，大客戶經理的主要責任是解決意外問題。

大客戶經理同時必須有廣闊的視野，特別是要保證企業能夠在市場上經受買方提出的考驗——無論這種考驗是在何時何地出現。在確保協同關係的長期性時，分析性和創造性的思考是必需的。

在未超越初期階段大客戶管理的賣方/買方關係中，重點是大客戶經理的基本技能，這些技巧包括產品的技術知識和銷售談判技巧。從中期大客戶管理到協作式大客戶管理，大客戶經理需要成為擁有財務、營銷和諮詢全方位技能的業務經理，在企業和大客戶中都有著較高的地位和權威。此時需要大客戶經理將客戶發展到合資企業關係或協作式階段並維持這種關係。

2

大客戶經理管理技能開發

　　大客戶經理應具備什麼樣的技能和素質？對此眾說紛紜，買方的聯繫人對誠信和產品技術知識評價很高，其次是業務知識。而對於大客戶經理來說，銷售和談判技巧非常重要。賣方的戰略人員看上去對管理、戰略和領導技能的評價比買方聯繫人的評價要高。但是，當顧客將其資源合理配置後，他們會更加依賴供應商的專業能力，從而他們的看法也會發生變化，表 13-1 列示了大客戶經理的關鍵技能和素質。

表 13-1　**大客戶經理的關鍵技能和素質**

	買方的角度	賣方的角度	大客戶經理的角度
第一	協作	對業務環境的瞭解	銷售能力/談判技巧
第二	瞭解客戶	溝通能力	溝通能力
第三	產品知識－技術	戰略性思考能力	瞭解客戶
第四	產品知識－應用	銷售能力/談判技巧	戰略性思考能力
第五	溝通能力	產品知識－技術	技術/財務/市場知識

　　我們得出的理想大客戶經理的最近似的描繪是「不可達到」的，它是在較多關係層次上賣方和買方期望的一系列技能

與素質的集合。要滿足這些期望，大客戶經理需要：

- ·個人素質；
- ·誠實；
- ·堅韌和恒心；
- ·銷售和談判技巧；
- ·如何「討人喜歡」；
- ·產品知識的掌握；
- ·產品知識與顧客業務相關的技術及應用；
- ·對業務環境、市場的理解；
- ·財務知識、法律知識電腦知識；
- ·思維能力；
- ·創造性和柔性；
- ·管理技能；
- ·溝通技巧，包括傾聽說服能力；
- ·人員管理和領導能力；
- ·行政與組織能力。

這些素質可以通過開發得來，但絕大多數企業可能會考慮直接聘用合適人選。大客戶經理所需的基本素質有誠實、恒心、談判技巧和「討人喜歡」。

圖 書 出 版 目 錄

下列圖書是由憲業企管顧問（集團）公司所出版，以專業立場，為企業界提供最專業的各種經營管理類圖書。

1. 傳播書香社會，凡向本出版社購買（或郵局劃撥購買），一律 9 折優惠。
   服務電話(02)27622241　(03)9310960　　傳真(02)27620377
2. 請將書款用 ATM 自動扣款轉帳到我公司下列的銀行帳戶。
   銀行名稱：合作金庫銀行　　帳號：**5034-717-347447**
   公司名稱：憲業企管顧問有限公司
3. 郵局劃撥號碼：**18410591**　郵局劃撥戶名：憲業企管顧問公司
4. 圖書出版資料隨時更新，請見網站　www.bookstore99.com
5. 電子雜誌贈品　回饋讀者，免費贈送《環球企業內幕報導》電子報，
   請將你的 e-mail、姓名，告訴我們編輯部郵箱 huang2838@yahoo.com.tw
   即可。

——— 經營顧問叢書 ———

4	目標管理實務	320 元	26	松下幸之助經營技巧	360 元
5	行銷診斷與改善	360 元	32	企業併購技巧	360 元
6	促銷高手	360 元	33	新產品上市行銷案例	360 元
7	行銷高手	360 元	46	營業部門管理手冊	360 元
8	海爾的經營策略	320 元	47	營業部門推銷技巧	390 元
9	行銷顧問師精華輯	360 元	52	堅持一定成功	360 元
13	營業管理高手（上）	一套	56	對準目標	360 元
14	營業管理高手（下）	500 元	58	大客戶行銷戰略	360 元
16	中國企業大勝敗	360 元	60	寶潔品牌操作手冊	360 元
18	聯想電腦風雲錄	360 元	71	促銷管理（第四版）	360 元
19	中國企業大競爭	360 元	72	傳銷致富	360 元
21	搶灘中國	360 元	73	領導人才培訓遊戲	360 元
25	王永慶的經營管理	360 元	76	如何打造企業贏利模式	360 元

77	財務查帳技巧	360 元	132	有效解決問題的溝通技巧	360 元
78	財務經理手冊	360 元	133	總務部門重點工作	360 元
79	財務診斷技巧	360 元	135	成敗關鍵的談判技巧	360 元
80	內部控制實務	360 元	137	生產部門、行銷部門績效考核手冊	360 元
81	行銷管理制度化	360 元	138	管理部門績效考核手冊	360 元
82	財務管理制度化	360 元	139	行銷機能診斷	360 元
83	人事管理制度化	360 元	140	企業如何節流	360 元
84	總務管理制度化	360 元	141	責任	360 元
85	生產管理制度化	360 元	142	企業接棒人	360 元
86	企劃管理制度化	360 元	144	企業的外包操作管理	360 元
88	電話推銷培訓教材	360 元	145	主管的時間管理	360 元
90	授權技巧	360 元	146	主管階層績效考核手冊	360 元
91	汽車販賣技巧大公開	360 元	147	六步打造績效考核體系	360 元
92	督促員工注重細節	360 元	148	六步打造培訓體系	360 元
94	人事經理操作手冊	360 元	149	展覽會行銷技巧	360 元
97	企業收款管理	360 元	150	企業流程管理技巧	360 元
98	主管的會議管理手冊	360 元	152	向西點軍校學管理	360 元
100	幹部決定執行力	360 元	153	全面降低企業成本	360 元
106	提升領導力培訓遊戲	360 元	154	領導你的成功團隊	360 元
112	員工招聘技巧	360 元	155	頂尖傳銷術	360 元
113	員工績效考核技巧	360 元	156	傳銷話術的奧妙	360 元
114	職位分析與工作設計	360 元	158	企業經營計劃	360 元
116	新產品開發與銷售	400 元	159	各部門年度計劃工作	360 元
122	熱愛工作	360 元	160	各部門編制預算工作	360 元
124	客戶無法拒絕的成交技巧	360 元	163	只為成功找方法，不為失敗找藉口	360 元
125	部門經營計劃工作	360 元	167	網路商店管理手冊	360 元
127	如何建立企業識別系統	360 元	168	生氣不如爭氣	360 元
128	企業如何辭退員工	360 元	170	模仿就能成功	350 元
129	邁克爾·波特的戰略智慧	360 元	171	行銷部流程規範化管理	360 元
130	如何制定企業經營戰略	360 元		
131	會員制行銷技巧	360 元		

172	生產部流程規範化管理	360元	209	鋪貨管理技巧	360元
173	財務部流程規範化管理	360元	210	商業計劃書撰寫實務	360元
174	行政部流程規範化管理	360元	212	客戶抱怨處理手冊（增訂二版）	360元
176	每天進步一點點	350元	214	售後服務處理手冊（增訂三版）	360元
177	易經如何運用在經營管理	350元	215	行銷計劃書的撰寫與執行	360元
178	如何提高市場佔有率	360元	216	內部控制實務與案例	360元
180	業務員疑難雜症與對策	360元	217	透視財務分析內幕	360元
181	速度是贏利關鍵	360元	219	總經理如何管理公司	360元
182	如何改善企業組織績效	360元	222	確保新產品銷售成功	360元
183	如何識別人才	360元	223	品牌成功關鍵步驟	360元
184	找方法解決問題	360元	224	客戶服務部門績效量化指標	360元
185	不景氣時期，如何降低成本	360元	226	商業網站成功密碼	360元
186	營業管理疑難雜症與對策	360元	227	人力資源部流程規範化管理（增訂二版）	360元
187	廠商掌握零售賣場的竅門	360元			
188	推銷之神傳世技巧	360元	228	經營分析	360元
189	企業經營案例解析	360元	229	產品經理手冊	360元
191	豐田汽車管理模式	360元	230	診斷改善你的企業	360元
192	企業執行力（技巧篇）	360元	231	經銷商管理手冊（增訂三版）	360元
193	領導魅力	360元	232	電子郵件成功技巧	360元
194	注重細節（增訂四版）	360元	233	喬・吉拉德銷售成功術	360元
197	部門主管手冊(增訂四版)	360元	234	銷售通路管理實務〈增訂二版〉	360元
198	銷售說服技巧	360元			
199	促銷工具疑難雜症與對策	360元	235	求職面試一定成功	360元
200	如何推動目標管理（第三版）	390元	236	客戶管理操作實務〈增訂二版〉	360元
201	網路行銷技巧	360元			
202	企業併購案例精華	360元	237	總經理如何領導成功團隊	360元
204	客戶服務部工作流程	360元	238	總經理如何熟悉財務控制	360元
205	總經理如何經營公司(增訂二版)	360元	239	總經理如何靈活調動資金	360元
206	如何鞏固客戶（增訂二版）	360元	240	有趣的生活經濟學	360元
207	確保新產品開發成功(增訂三版)	360元	241	業務員經營轄區市場（增訂二版）	360元
208	經濟大崩潰	360元			

242	搜索引擎行銷	360 元
243	如何推動利潤中心制度（增訂二版）	360 元
244	經營智慧	360 元
245	企業危機應對實戰技巧	360 元
246	行銷總監工作指引	360 元
247	行銷總監實戰案例	360 元
248	企業戰略執行手冊	360 元
249	大客戶搖錢樹	360 元

《商店叢書》

4	餐飲業操作手冊	390 元
5	店員販賣技巧	360 元
9	店長如何提升業績	360 元
10	賣場管理	360 元
11	連鎖業物流中心實務	360 元
12	餐飲業標準化手冊	360 元
13	服飾店經營技巧	360 元
14	如何架設連鎖總部	360 元
18	店員推銷技巧	360 元
19	小本開店術	360 元
20	365 天賣場節慶促銷	360 元
21	連鎖業特許手冊	360 元
23	店員操作手冊（增訂版）	360 元
25	如何撰寫連鎖業營運手冊	360 元
26	向肯德基學習連鎖經營	350 元
28	店長操作手冊（增訂三版）	360 元
29	店員工作規範	360 元
30	特許連鎖業經營技巧	360 元
32	連鎖店操作手冊（增訂三版）	360 元
33	開店創業手冊〈增訂二版〉	360 元
34	如何開創連鎖體系〈增訂二	360 元

	版〉	
35	商店標準操作流程	360 元
36	商店導購口才專業培訓	360 元
37	速食店操作手冊〈增訂二版〉	360 元
38	網路商店創業手冊〈增訂二版〉	360 元

《工廠叢書》

1	生產作業標準流程	380 元
5	品質管理標準流程	380 元
6	企業管理標準化教材	380 元
9	ISO 9000 管理實戰案例	380 元
10	生產管理制度化	360 元
11	ISO 認證必備手冊	380 元
12	生產設備管理	380 元
13	品管員操作手冊	380 元
15	工廠設備維護手冊	380 元
16	品管圈活動指南	380 元
17	品管圈推動實務	380 元
20	如何推動提案制度	380 元
24	六西格瑪管理手冊	380 元
29	如何控制不良品	380 元
30	生產績效診斷與評估	380 元
31	生產訂單管理步驟	380 元
32	如何藉助 IE 提升業績	380 元
34	如何推動 5S 管理（增訂三版）	380 元
35	目視管理案例大全	380 元
38	目視管理操作技巧(增訂二版)	380 元
39	如何管理倉庫（增訂四版）	380 元
40	商品管理流程控制(增訂二版)	380 元
42	物料管理控制實務	380 元

43	工廠崗位績效考核實施細則	380 元
46	降低生產成本	380 元
47	物流配送績效管理	380 元
49	6S 管理必備手冊	380 元
50	品管部經理操作規範	380 元
51	透視流程改善技巧	380 元
55	企業標準化的創建與推動	380 元
56	精細化生產管理	380 元
57	品質管制手法〈增訂二版〉	380 元
58	如何改善生產績效〈增訂二版〉	380 元
59	部門績效考核的量化管理〈增訂三版〉	380 元
60	工廠管理標準作業流程	380 元
61	採購管理實務〈增訂三版〉	380 元
62	採購管理工作細則	380 元
63	生產主管操作手冊(增訂四版)	380 元

《醫學保健叢書》

1	9 週加強免疫能力	320 元
2	維生素如何保護身體	320 元
3	如何克服失眠	320 元
4	美麗肌膚有妙方	320 元
5	減肥瘦身一定成功	360 元
6	輕鬆懷孕手冊	360 元
7	育兒保健手冊	360 元
8	輕鬆坐月子	360 元
9	生男生女有技巧	360 元
10	如何排除體內毒素	360 元
11	排毒養生方法	360 元

12	淨化血液　強化血管	360 元
13	排除體內毒素	360 元
14	排除便秘困擾	360 元
15	維生素保健全書	360 元
16	腎臟病患者的治療與保健	360 元
17	肝病患者的治療與保健	360 元
18	糖尿病患者的治療與保健	360 元
19	高血壓患者的治療與保健	360 元
21	拒絕三高	360 元
22	給老爸老媽的保健全書	360 元
23	如何降低高血壓	360 元
24	如何治療糖尿病	360 元
25	如何降低膽固醇	360 元
26	人體器官使用說明書	360 元
27	這樣喝水最健康	360 元
28	輕鬆排毒方法	360 元
29	中醫養生手冊	360 元
30	孕婦手冊	360 元
31	育兒手冊	360 元
32	幾千年的中醫養生方法	360 元
33	免疫力提升全書	360 元
34	糖尿病治療全書	360 元
35	活到 120 歲的飲食方法	360 元
36	7 天克服便秘	360 元
37	為長壽做準備	360 元

《幼兒培育叢書》

1	如何培育傑出子女	360 元
2	培育財富子女	360 元
3	如何激發孩子的學習潛能	360 元

4	鼓勵孩子	360 元
5	別溺愛孩子	360 元
6	孩子考第一名	360 元
7	父母要如何與孩子溝通	360 元
8	父母要如何培養孩子的好習慣	360 元
9	父母要如何激發孩子學習潛能	360 元
10	如何讓孩子變得堅強自信	360 元

《成功叢書》

1	猶太富翁經商智慧	360 元
2	致富鑽石法則	360 元
3	發現財富密碼	360 元

《企業傳記叢書》

1	零售巨人沃爾瑪	360 元
2	大型企業失敗啟示錄	360 元
3	企業併購始祖洛克菲勒	360 元
4	透視戴爾經營技巧	360 元
5	亞馬遜網路書店傳奇	360 元
6	動物智慧的企業競爭啟示	320 元
7	CEO 拯救企業	360 元
8	世界首富　宜家王國	360 元
9	航空巨人波音傳奇	360 元
10	傳媒併購大亨	360 元

《智慧叢書》

1	禪的智慧	360 元
2	生活禪	360 元
3	易經的智慧	360 元
4	禪的管理大智慧	360 元
5	改變命運的人生智慧	360 元
6	如何吸取中庸智慧	360 元

7	如何吸取老子智慧	360 元
8	如何吸取易經智慧	360 元
9	經濟大崩潰	360 元
10	有趣的生活經濟學	360 元

《DIY 叢書》

1	居家節約竅門 DIY	360 元
2	愛護汽車 DIY	360 元
3	現代居家風水 DIY	360 元
4	居家收納整理 DIY	360 元
5	廚房竅門 DIY	360 元
6	家庭裝修 DIY	360 元
7	省油大作戰	360 元

《傳銷叢書》

4	傳銷致富	360 元
5	傳銷培訓課程	360 元
7	快速建立傳銷團隊	360 元
9	如何運作傳銷分享會	360 元
10	頂尖傳銷術	360 元
11	傳銷話術的奧妙	360 元
12	現在輪到你成功	350 元
13	鑽石傳銷商培訓手冊	350 元
14	傳銷皇帝的激勵技巧	360 元
15	傳銷皇帝的溝通技巧	360 元
16	傳銷成功技巧（增訂三版）	360 元
17	傳銷領袖	360 元

《財務管理叢書》

1	如何編制部門年度預算	360 元
2	財務查帳技巧	360 元
3	財務經理手冊	360 元
4	財務診斷技巧	360 元

5	內部控制實務	360 元
6	財務管理制度化	360 元
8	財務部流程規範化管理	360 元
9	如何推動利潤中心制度	360 元

《培訓叢書》

4	領導人才培訓遊戲	360 元
8	提升領導力培訓遊戲	360 元
11	培訓師的現場培訓技巧	360 元
12	培訓師的演講技巧	360 元
14	解決問題能力的培訓技巧	360 元
15	戶外培訓活動實施技巧	360 元
16	提升團隊精神的培訓遊戲	360 元
17	針對部門主管的培訓遊戲	360 元
18	培訓師手冊	360 元
19	企業培訓遊戲大全（增訂二版）	360 元
20	銷售部門培訓遊戲	360 元
21	培訓部門經理操作手冊（增訂三版）	360 元

爲方便讀者選購，本公司將一部分上述圖書又加以專門分類如下：

《企業制度叢書》

1	行銷管理制度化	360 元
2	財務管理制度化	360 元
3	人事管理制度化	360 元
4	總務管理制度化	360 元
5	生產管理制度化	360 元
6	企劃管理制度化	360 元

《主管叢書》

1	部門主管手冊	360 元
2	總經理行動手冊	360 元

4	生產主管操作手冊	380 元
5	店長操作手冊（增訂版）	360 元
6	財務經理手冊	360 元
7	人事經理操作手冊	360 元
8	行銷總監工作指引	360 元
9	行銷總監實戰案例	360 元

《總經理叢書》

1	總經理如何經營公司(增訂二版)	360 元
2	總經理如何管理公司	360 元
3	總經理如何領導成功團隊	360 元
4	總經理如何熟悉財務控制	360 元
5	總經理如何靈活調動資金	360 元

《人事管理叢書》

1	人事管理制度化	360 元
2	人事經理操作手冊	360 元
3	員工招聘技巧	360 元
4	員工績效考核技巧	360 元
5	職位分析與工作設計	360 元
6	企業如何辭退員工	360 元
7	總務部門重點工作	360 元
8	如何識別人才	360 元
9	人力資源部流程規範化管理（增訂二版）	360 元

《理財叢書》

1	巴菲特股票投資忠告	360 元
2	受益一生的投資理財	360 元
3	終身理財計劃	360 元
4	如何投資黃金	360 元
5	巴菲特投資必贏技巧	360 元
6	投資基金賺錢方法	360 元
7	索羅斯的基金投資必贏忠告	360 元

8	巴菲特爲何投資比亞迪	360 元

《網路行銷叢書》

1	網路商店創業手冊〈增訂二版〉	360 元
2	網路商店管理手冊	360 元
3	網路行銷技巧	360 元
4	商業網站成功密碼	360 元
5	電子郵件成功技巧	360 元
6	搜索引擎行銷	360 元

《經濟計畫叢書》

1	企業經營計劃	360 元
2	各部門年度計劃工作	360 元
3	各部門編制預算工作	360 元
4	經營分析	360 元
5	企業戰略執行手冊	360 元

《經濟叢書》

1	經濟大崩潰	360 元
2	石油戰爭揭秘（即將出版）	

回饋讀者，免費贈送《環球企業內幕報導》或《發現幸福》電子報，請將你的姓名、選擇贈品(二選一)，發 e-mail，告訴我們 huang2838@yahoo.com.tw 即可。

經營顧問叢書 ㉔⑨　　　　　　售價：360 元

大 客 戶 搖 錢 樹

西元二〇一〇年十一月　　　　　　　　　　　初版一刷

編著：蕭智軍 李宗南

策劃：麥可國際出版有限公司（新加坡）

編輯：蕭玲

校對：焦俊華

發行人：黃憲仁

發行所：憲業企管顧問有限公司

電話：(02) 2762-2241　　(03) 9310960　　0930872873

臺北聯絡處：臺北郵政信箱第 36 之 1100 號

銀行 ATM 轉帳：合作金庫銀行　　帳號：5034-717-347447

郵政劃撥：18410591　　憲業企管顧問有限公司

江祖平律師顧問：紙品書、數位書著作權與版權均歸本公司所有

登記證：行政業新聞局版台業字第 6380 號

本公司徵求海外版權出版代理商（0930872873）

ISBN：978-986-6421-79-2

擴大編制，誠徵新加坡、臺北編輯人員，請來函接洽。